新技术
新热点

苹果高效栽培
与病虫害防治

● 钟世鹏　主编

中国农业科学技术出版社

图书在版编目（CIP）数据

苹果高效栽培与病虫害防治/钟世鹏主编.—北京：中国农业科学技术出版社，2011.11

ISBN 978-7-5116-0541-2

Ⅰ.①苹… Ⅱ.①钟… Ⅲ.①苹果-果树园艺②苹果-病虫害防治 Ⅳ.①S661.1②S436.611

中国版本图书馆 CIP 数据核字（2011）第 130145 号

责任编辑　贺可香
责任校对　贾晓红　郭苗苗

出 版 者　中国农业科学技术出版社
　　　　　北京市中关村南大街 12 号　邮编：100081
电　　话　(010)82106638(编辑室)　　(010)82109704(发行部)
　　　　　(010)82109709(读者服务部)
传　　真　(010)82106624
网　　址　http://www.castp.cn
印 刷 者　北京富泰印刷有限责任公司
开　　本　850mm×1 168mm　1/32
印　　张　4
字　　数　108 千字
版　　次　2011 年 11 月第 1 版　2017 年 6 月第 4 次印刷
定　　价　12.00 元

前　言

　　我国苹果的栽培历史悠久，苹果资源和优良品种丰富。进入21世纪以来，我国的苹果种植业迅速发展，但是由于多方面的原因，我国苹果种植与生产中也遇到了各种障碍，其最主要的原因就是广大果农对苹果栽培知识的缺乏。

　　又鉴于苹果栽培新品种的引进和新技术的不断更新，我们组织编写了这本《苹果高效栽培与病虫害防治》，对苹果无公害生产中的品种选择、果园建设与果树栽植、果园水土肥的管理等给予了详细的讲解，并且对苹果常见病虫害的防治做出了清晰的介绍。另外，鉴于现实生活中的需要，我们还讲述了苹果的套袋与增色技术。

　　本书既可以作为新农村果农的日常指导用书，也可以为果树栽培爱好者和技术研究人员提供参考。

　　限于水平和时间仓促，书中的错误在所难免，望读者朋友们批评指正！

目　录

第一章　苹果树栽培概述

第一节　苹果的生态适宜区与主要产区

一、苹果生态适宜区

1. 温带落叶果树带

该苹果生态适宜区位于辽宁南部、华北和中原地区，包括山东、河北、河南、安徽，以及江苏大部、山西中南部、陕西东南部、湖北东北部和浙江北部。

2. 旱温带落叶果树带

该苹果生态适宜区，包括山西中北部、陕西西部与北部、宁夏南部、甘肃东南部、青海东部、四川西北部和西藏东南部，以及新疆的伊犁盆地及塔里木盆地周边、喀什、库尔勒、和田和哈密等地。

二、我国苹果的主要产区

我国栽培的西洋苹果，最早于1871年由美国引入山东烟台。其后又从德国、俄罗斯、日本等国先后引入，逐渐形成辽南和胶东两大苹果产区，并传入河北、陕西和四川等省。1949年以后，苹果生产发展较快，生产区域不断扩大。目前，我国共有25个省（区）生产苹果，但苹果产区主要集中在渤海湾、西北黄土高原、黄河故道和西南冷凉高地等四大产区，其中黄土高原和渤海湾地区是我国苹果的优生区，并以陕西省和山东省的苹果面积与产量最大。

1. 渤海湾苹果产区

该区域中重点区包括胶东半岛、泰沂山区、辽南、辽西部分地区和河北的秦皇岛地区，是我国苹果栽培最早、产量和面积最大、生产水平最高的产区，优质果商品率高。从气候条件的差异上，又可分为辽南与辽西产区、山东产区和河北与京津产区3个小区。

2. 西北苹果产区

本区包括范围很广，东起山西中北部，包括陕西中北部、宁夏、内蒙古阴山以南，甘肃的河西走廊，青海的黄河—湟水沿岸海拔低于2 000米的地区，西至新疆的伊犁、阿克苏和喀什等地。本区地势高（苹果栽培区平均海拔在800~2 000米），纬度高，昼夜温差大，日照充足，降水量少，特别适合苹果生产，果实产量高、品质好，病虫害轻。现在黄土高原地区已成为我国最大的苹果产区，也是我国苹果的优生区和主要的出口基地。本区主要的集中产地有延安市、运城市、天水市和庆阳市等，其栽培面积还在不断扩大。

3. 中部苹果产区

本产区以南到淮河、秦岭以北，东起连云港，经徐州、郑州，西至宝鸡，是中国新兴的一条最长的苹果栽培带。该区苹果种植面积较大，但苹果表面果锈较重，同时由于夏季高温和温差小，因而果实品质一般。该产区主要包括黄河故道产区和秦岭北麓产区。

4. 西南高地苹果产区

本区以四川省为主（四川盆地除外），包括西藏、云南和贵州等地低纬度的高山区。本区早在20世纪初已有零星的苹果生产，品种主要来自美国、法国和印度，但局限于个别庄园或其附近栽植。从20世纪50年代起，才逐步发展起来，现已成为中国重要的优质出口苹果基地之一，该区主栽苹果品种有金冠、元帅和红星等。

第二节 苹果树的年龄时期与物候阶段

苹果树的一生要经历生长、结果、衰老、更新和死亡过程，整个过程称为年龄时期。实生繁殖的果树年龄时期分幼年阶段（童期）、成年阶段和衰老期；无性繁殖的果树年龄时期划分为营养生长期、结果期和衰老期。

一、苹果树的年龄时期

1. 幼苗期

种子萌发至真叶展开为幼苗期。

2. 童期

指从种子萌发起，到具备开花潜能的这段时期。童期是果树特有的生命现象，实生苗在童期时芽小、枝密、多针刺枝。叶小而薄，叶肉发育差、栅栏组织和叶脉都不发达。

3. 始果期

即果树部分部位开始结果的时期。此期枝条先端开始形成少量质量较差的花芽，能开花结果，坐果率低。结果部位以下枝条仍处于童年阶段。所结果实含水量高、皮厚，味较酸，品质较差。

4. 盛果期

大部分部位都结果的时期，年生长量趋于稳定。叶、芽、花等在形态上表现出该树固有特性。成花容易，结果部位扩大，果实品质达最佳状态，产量达最高水平。生长、结果和花芽形成达到平衡。

5. 衰老期

经过一定的年限后，树势开始衰弱，表现树体骨干枝、骨干根逐步衰亡，枝条生长量小，纤细，结果枝或结果母枝比例下降，果实品质变差，产量下降。树冠更新复壮能力及抗逆性显著下降，果树较易感染各种病虫害。

二、苹果树的物候阶段

苹果和其他落叶果树一样，在一年中和气候环境条件的变化相适应进行有节奏地变化，表现为萌芽、展叶、开花、坐果、果实生长和成熟、花芽分化、新梢生长和成熟、落叶、休眠等物候期。各器官的物候期是按一定顺序，而不同器官是相互交错进行的。为了正确地制定年周期中的管理措施，需要正确了解苹果在年发育期中物候阶段性的特点。

1. 萌芽期

当日夜平均气温达10℃左右时，叶芽即开始萌动，同一株树萌芽期可延续一个月。强树、成年树发芽早，弱树、幼树发芽晚。不同地区，不同年份，苹果品种萌芽期的先后顺序基本一致。

2. 展叶期

苹果芽萌动后约10天即进入展叶期，鳞片内第1~2片为稚叶，甚小，在展开后不久先后脱落，为非功能叶。展叶是指第一片功能叶平展，全树以5%发育枝顶芽展叶为准。

3. 开花期

在大于3℃的积温达到214℃以上时，苹果即开花。苹果开花期的早晚，与盛花期前40~50天内的旬平均最高气温的累积值密切相关。如果这一时期旬最高气温累积值高，开花期即早，相反就晚。不同品种所需积温值不同，所以开花早晚不同，早捷、萌、藤牧1号和陆奥开花早，富士、元帅系和津轻其次，国光最迟。开花物候期又分为花簇期、花蕾分离期、蕾铃期、初花期、盛花期和落花期。

4. 果实发育期

苹果落花后进入果实发育期，从坐果至果实成熟所经历的天数。不同品种的果实发育期差异较大。果实发育大体可分为果实细胞分裂期与果实细胞膨大期。

5. 新梢生长期

苹果新梢生长期从新梢开始生长起，到顶芽形成为止。不同枝型生长历期长短不一：短枝、叶丛枝为30天左右；中长枝为45~60天；营养枝则为75~90天或更长。

6. 花芽分化期

即芽能够分化为花芽的时期。整个植株，枝条是陆续停止生长的，花芽分化也是陆续开始的。盛果期大树短果枝多，分化期集中；初结果树，长果枝、中果枝、短果枝均有，分化期拖延较长；幼树枝条停止生长晚，开始分化的也晚。在华北地区，苹果在 6 月初开始分化花芽。

7. 果实成熟期

果实发育至具有一定的果形、色泽、香气和硬度等特征，表现出其品种固有特性的时期。此期果实体积和重量不断增加，果实内的淀粉逐渐减少，糖增多，含酸量降低；叶绿素降解过程加速，果实底色由绿变黄，香气增加，进入生理成熟。

8. 落叶期

温度是影响落叶的主要因素，当旬平均温度低于 10℃，日照缩短至 12 小时，即开始准备落叶。全树变黄叶片开始脱落，至 25% 的叶片脱落为开始落叶期，正常生长的叶片落完为落叶末期。我国西北、东北和华北地区苹果落叶在 11 月份，西南地区在 12 月份。

9. 休眠期

是指苹果从秋季自然落叶后至春季萌芽止。这一时期外表上看不出任何生长，但树体内部仍然进行着各种活动，如呼吸作用、水分蒸腾、芽的分化和根系对养分的吸收合成，以及树体内养分的转化等，只是这些活动比生长期微弱很多。根据树体休眠的状态，可分为自然休眠和强迫休眠。

第三节　苹果树的生物特性、生长习性及生态环境条件

一、生物学性状和生长结果习性

1. 根系的种类及特征

苹果树的根系因繁殖方法不同可分为以下三类：由种子实生

繁殖所形成的根系为实生根系，如以海棠、山定子等为实生砧木的根系；由扦插、压条繁殖所形成的根系为茎源根系，如一些矮化砧的根系；由根蘖繁殖所形成的根系为根蘖根系。实生根系主根发达，根系分布较深，生命力强，对外界环境条件有较强的适应性，但个体间差异较大。茎源根系和根蘖根系则主根不明显，根系浅，抗逆性较差，但个体间较为一致。

2. 树冠结构

地上的所有枝叶组成了苹果的树冠，包括主干、主枝、侧枝和枝组。良好的苹果树冠结构对于改善通风透光条件、提高净光合速率、促进花芽分化和提高产量品质有着非常重要的作用。果树整形修剪就是维持合理树冠结构的重要手段。描述树冠结构的主要参数有叶面积指数、主枝数、亩枝量、叶幕厚度、树高和干高等。

3. 叶的形态特征

苹果叶为椭圆形或卵圆形，叶缘有钝锯齿，幼嫩时两面均具柔毛，成长后正面柔毛脱落，叶缘有锯齿。

全树总叶片的自然分布构成叶幕。叶幕结构对苹果的产量、果实品质有决定性影响，因为叶幕层的厚度和叶子分布的疏密程度直接关系到光合作用效率。叶幕的形状与整形修剪制度有关。苹果叶幕有半圆形、纺锤形等。如采用主干疏层形叶幕为 2~3 层，纺锤形叶幕有 3~5 层，开心形叶幕只有 1 层。从生产实践上看，叶幕厚度以 2~2.5 米为宜，这样有利于提高光能利用率，提高果树的产量和品质。

4. 芽的形态结构

芽是枝、叶或花的雏体，是枝、花形成过程中的临时性器官，由枝、叶、花的原始体以及生长点、过渡叶、苞片和鳞片构成。芽还具有与种子相似的特点，在繁殖条件下可形成新的植株，芽或带芽的枝可用于嫁接、扦插繁殖。苹果芽依芽在枝上的位置分为顶芽、侧芽和不定芽。依芽的性质分为叶芽和花芽。依芽的萌发早晚可分为早熟性芽、晚熟性芽和潜伏芽。依同一节上芽的主副可分为主芽和副芽。

叶芽芽体小，略长而尖，芽内只包含有枝叶原始体，萌芽后抽生出新梢。苹果叶芽除有中间的主芽外，两侧为副芽。一般情况下，只有主芽生长，而副芽潜伏不萌发。

苹果的花芽为混合芽，以顶生为主，芽体大，充实饱满，既有花原基，也有叶原基，在春季萌芽后既长枝又开花。

5. 花与花序的形态结构

苹果花序为伞房花序（图1-1），每序有5～7朵花，当树势衰弱或树势过旺时花芽发育不好，只有3～5朵花。苹果的花由花萼、花瓣、雄蕊、雌蕊、子房和花托构成。花瓣白色，含苞未放时带粉红色，雄蕊20，花柱5。

图1-1 苹果的花序

6. 果实形态结构

苹果的果实为合生心皮下位子房与花托、萼筒共同发育而成（图1-2）。食用部分主要由肉质花托发育而成，心皮形成果心，所占比例较小，称为仁果，属假果。子房有5个心室，每个心室多有2个胚珠，可形成2粒种子。果实的生长物候期分为果实发育期、萼片闭合期、梗洼形成期、果实色泽变化期、采收期和自然成熟期。

二、苹果树需要的生态环境条件

（一）温度

苹果树生长季对有效积温的要求为2 500～3 000℃，不同物候期对有效积温要求不同。苹果开花和果实成熟分别需要419℃

和1 099℃的有效积温。苹果在冬季最冷月旬平均温度低于－12℃或绝对低温达－30℃以下时，即发生严重冻害。冬季需要≤7.2℃温度1 400小时左右的低温，才能满足苹果顺利通过休眠期对低温的要求。生长季（4~10月份）平均气温为12~18℃，夏季（6~8月份）平均气温为18~24℃，最适宜苹果生长，35℃以上则表现生长不良。根系一般可耐－12℃的低温，花蕾只能经受短期－2.5℃的低温，花期遇－1.5~1.7℃的低温，即有不同程度的伤害。幼果期经较长时间0~1℃低温，萼周就会出现霜环。

图1-2　苹果的果实

（二）光照

苹果是喜光树种，光照充足才能正常生长，一旦光照恶化，就会影响花芽分化和果实品质。所以，要采用高光效树形。红色品种要求年日照时数1 500小时以上，或成熟期日照量不低于150小时。紫外线对节间伸长有抑制作用，使树体矮小、侧枝增多，而且可促进花芽的分化，有助于果实花色素的合成，使红色果实的色泽更加艳丽。一般苹果光合作用的光饱和点在800微摩／（平方米·秒），饱和点高的品种补偿点也高。

（二）降水量

苹果在年降水量为500~800毫米，且分布均匀的地区生长良好。花期多雨，影响授粉和坐果；夏季、秋季多雨，会造成枝叶徒长，病虫害严重，果实产量和品质下降；春旱和伏旱对苹果产量影响最大。

（四）土壤

苹果喜微酸性至中性土壤，适宜 pH 值为 5.4～6.8，pH 值 4 以下生长不良，pH 值 7.8 以上常发生严重的失绿现象；土壤含盐总量在 0.13% 以下时生长正常。苹果树的生长发育，最适宜于土层深厚，地下水位保持在 1 米以下，富含有机质，心土通气排水良好的沙质土壤。

（五）其他因素

风、海拔对苹果栽培也有影响。在大风地区，苹果易出现偏冠、落花落果重的现象，因此栽培时必须营造防护林。海拔高度的差异，造成气温、光照等一系列因子的变化，从而影响苹果生长发育及品质形成。如同一地区，因海拔高度不同而出现苹果物候期和品质上的差异，海拔高的地区昼夜温差大，有利于糖类（碳水化合物）的积累，果实着色好，综合品质高。我国黄土高原海拔一般在 800～1 500 米，非常有利于苹果品质的提高。

第四节　苹果的无公害行业标准及质量认证

一、无公害农产品概念

无公害农产品，是 20 世纪 90 年代在我国农业和农产品加工领域提出的全新概念，是指产地生态环境清洁，按照特定的生产技术规程，将有毒、有害物质控制在规定标准内，并由授权部门审定批准，允许使用无公害农产品标志的食品。无公害农产品允许有限制地使用农药、化肥等人工合成的物质和转基因产品；允许存在有害物残留，只要不超过标准规定就可以使用无公害农产品标志，更适合当前国内消费市场，还不能在国际市场通行。

无公害苹果生产主要技术包括：基地环境的选择，栽培技术，施肥技术，病虫害防治技术，收获、加工、包装、贮藏运输技术和质量检测技术等。涉及苹果无公害生产的标准有：NY/T 5012—2001《无公害食品 苹果生产技术规程》；NY/T 5013—2001《无公害食品 苹果产地环境条件》等。

二、无公害苹果生产对环境条件的要求

无公害苹果产地应选择在生态条件良好，远离污染源，并具有可持续生产能力的农业区域。此外，对空气的质量、灌溉水质量和土壤环境质量也有具体要求。无公害苹果产地空气中的总悬浮颗粒日平均低于 0.3 毫克/立方米，二氧化硫低于 0.15 毫克/立方米，二氧化氮低于 0.12 毫克/立方米，以及氟化物低于 7 微克/立方米。农田灌溉水和土壤质量必须符合表 1-1 和表 1-2 的要求。

表 1-1　无公害苹果产地农田灌溉水质量要求

项目	指标值	项目	指标值（毫克/升）	项目	指标值（毫克/升）
pH 值	5.5~8.5	总砷	≤0.1	氟化物	≤3.0
总汞（毫克/升）	≤0.001	总铅	≤0.1	氰化物	≤0.5
总镉（毫克/升）	≤0.005	铬（六价）	≤0.1	石油类	≤10.0

三、无公害苹果肥水管理

无公害苹果生产要求肥沃的土壤和良好的土壤结构，一般生产高档苹果的土壤有机质含量要达到 2%~3%，最好能达到 3%~5%，而我国苹果产区的土壤有机质含量一般在 1% 以下，因而需要进行土地改良。主要通过深翻和果园生草的方法改良土壤。

苹果树的土壤施肥以有机肥为主，化肥为辅，以保持或增加土壤肥力及土壤微生物活性；同时，所施用的肥料不应对果园环境和果实品质产生不良影响。

表1-2　无公害苹果产地土壤环境质量要求

项目	指标值（毫克/千克）		
	pH值<6.5	pH值为6.5~7.5	pH值>7.5
镉	≤0.3	≤0.3	0.6
总汞	≤0.3	≤0.5	1
总砷	≤40	≤30	≤25
铅	≤250	≤300	≤350
铬	≤150	≤200	≤250
铜	≤150	≤200	≤200

注：重金属（铬主要为3价）和砷均按元素量计，适用于每千克土壤阳离子交换量>5厘摩尔/升（+），若≤5厘摩尔/升（+），其标准值为表内数值的一半。

四、无公害苹果病虫害防治

病虫害防治是实现无公害苹果生产最关键的环节。无公害病虫害防治的原则是以预防为主，坚持以农业防治和物理防治为基础，生物防治为核心，按照病虫害的发生规律和经济阈值，科学使用化学防治技术，有效控制病虫为害。如果必须采用化学防治，则应根据防治对象的生物学特性和为害特点，使用生物源农药、矿物源农药和低毒有机合成农药，有限度地使用中毒农药，禁止使用剧毒、高毒、高残留农药。

五、无公害苹果的质量标准

无公害苹果对重金属和农药残留的限量要求如表1-3。

表1-3　无公害优质苹果重金属及农药残留限量

指标名称	汞，铅，镉，砷，氟	敌敌畏	乐果，杀螟硫磷	倍硫磷
残留量≤ （毫克/千克）	0.01，0.2，0.03，0.5，0.5	0.2	1.0，0.4	0.05

第二章　苹果品种的选择

第一节　苹果品种的发展现状及问题

一、发展现状

据《中国农业年鉴》统计，截止到 1999 年，我国苹果总面积为 243.89 万公顷，比面积最多时的 1996 年的 298.69 万公顷减少了 18.35%。苹果面积连续几年虽有所减少，但总产量一直呈增长趋势。到 1999 年，全国苹果总产量为 2 080.1 万吨，占世界总产量的 34.55%。目前我国苹果的总面积和总产量仍居世界第一位。

就苹果品种发展变化趋势而言，1980 年以前，苹果的栽培品种主要以国光、金冠、元帅系普通型品种、青香蕉、大国光、青祝、红玉等为主，新品种引进推广的速度较为缓慢。进入 20 世纪 80 年代以来，随着着色系富士苹果的引入，我国苹果品种的更新换代进入了一个新的历史阶段。特别是自 20 世纪 80 年代中期至 90 年代，随着我国苹果生产的迅猛发展，苹果品种结构亦发生了重要变化，一批老品种如国光、青香蕉、元帅系普通型、红玉等逐步被淘汰，品种更新换代的步伐进一步加快，新优品种得以迅速发展。据统计，近 20 年来，我国从国外引进和自己选育的品种（品系）有 200 多个。引进和选育的品种（系）尽管数量很多，但目前真正用在生产实际中的品种（系）仅有 10 多个，主要有富士系、元帅系短枝型品种、乔纳金、嘎拉系、秦冠、华冠、藤牧 1 号、美国 8 号、千秋等。在引进和自选品种中，发展最快、栽培面积最大的品种为富士系。据 1998 年统计，

全国富士系栽培面积近 133 万公顷，占全国苹果总面积的 50%
以上。苹果生产大省富士系栽培面积的比例更大，例如陕西约为
60%，山东为 60.1%，山东烟台则高达 73.9%。由此可见，我
国目前无疑已成为世界第一富士苹果生产大国。其次是以新红星
为主的元帅系短枝型品种，占总面积的 15% 左右。秦冠是我国
自育品种中栽培面积最大的品种，陕西栽培面积最大，曾占陕西
苹果面积和产量的 50% 左右。近年来秦冠栽培面积逐年下降，
但目前仍占陕西省苹果总面积的 20% 左右。另外，山西、湖南、
甘肃等省亦有较大的栽培面积。近年来嘎拉系在全国各主要产区
发展势头较好，已初步形成了一定的生产规模，其中以山东和陕
西发展速度较快。其他引进新品种如藤牧 1 号、美国 8 号、珊夏
等在生产中虽有栽培，但目前尚未形成规模。

二、发展中存在的问题

根据上述苹果品种发展现状分析，虽然我国苹果品种更新换
代和调整的步伐在逐步加快，新优品种得到了较快发展，但目前
仍存在着许多不容忽视的问题，主要表现有以下几个方面。

（一）品种区域布局不尽合理

20 世纪 90 年代初期，受苹果"比较效益高"的利益驱动，
我国一些苹果非优生区也在大面积盲目地发展苹果，从而导致全
国苹果面积迅猛增长。据统计，从 1990～1995 年，全国苹果面
积由 163.1 万公顷增长到 269 万公顷，增长了 64.9%。这些地区
由于自然生态条件差，所产苹果质量差，效益低下。特别是在苹
果产销形势发生变化、市场竞争日趋激烈的情况下，这些产区的
产销矛盾更加突出，销售难度进一步加大，效益愈来愈差甚至入
不敷出。虽然经过 90 年代后期的大幅调减，但目前非优生区仍
有一定的栽培面积，因而影响了苹果的总体质量和效益。例如，
陕西省现有苹果总面积为 42 万公顷，其中优生区面积 30.7 万公
顷，占全省苹果面积的 73%，适宜区面积 6.2 万公顷，占全省
苹果面积的 15%，非适宜区和次适宜区仍有苹果面积 5 万公顷，

占全省苹果面积的 12%。针对这个问题，急需加快调整提高，使其向优生区集中。

（二）苹果品种结构不合理

在 20 世纪 80 年代末至 90 年代初苹果大发展过程中，全国各产区几乎都青一色栽种晚熟品种，且晚熟品种中都是单一的红富士，中熟品种发展相对较慢，并且是单一的元帅系短枝型品种，早熟品种则发展极少，从而导致苹果品种结构比例失调，形成了"早熟极缺，中熟单一，晚熟过多"的畸形结构。例如，山东省苹果主产区早、中、晚熟品种比例为 0.72∶19.12∶80.16，陕西省早、中、晚熟品种比例为 3∶13∶84。

（三）品种（品系）混杂，种苗市场混乱

以前由于对苗木繁育及市场经营缺乏有效地监督管理，苗圃业主、种苗中间商没有资质标准，无论有无基本的专业知识，人人均可以育苗和销售苗木。国家虽有果树苗木质量标准，但基本无法执行。因而，苹果品种"以假充真，以劣充优"的现象十分严重，造成品种（系）混杂，良莠不齐。例如，新红星、首红等元帅系短枝型品种在大发展时期，品种、苗木以假充真现象时有发生，有些果农在市场上购买的是短枝型品种，但栽植几年后却发现是乔化普通型品种。有些虽是短枝型品种，但结果后却发现果实难以正常着色，果实品质下降，影响了销售收入。再如目前栽培面积最大的红富士，也存在着品种（系）混杂的问题。同一品种的同一批苗木，栽植后的表现却五花八门，有的果实大小参差不齐，有的果形高（高桩）矮（低桩）不一，有的则着色不良，严重影响了果实商品的一致性。

（四）品种选择求新求异，盲目发展

有些果农在选择品种时求新求异和盲从心理较为严重，往往把新品种与好品种等同起来，凡是新品种就认为一定好，越是没听说过的就越感兴趣。只要是新品种，特别是国外新品种，一经引入，未进行试验观察，就盲目发展。再加之有些果农受某些不切实际的宣传诱导，不结合当地实际便引进发展，结果造成了严重的损失。例如，20 世纪 80 年代引进的北斗和 90 年代引进的北海道 9 号，在一些地区未经过区试就盲目发展，栽植几年后才发现品种本身有难以克服的缺点，于是不得不砍树或改接，走了许多弯路。

第二节 苹果优良品种的选择

一、早熟品种

贝拉 系美国品种。果实于 6 月下旬至 7 月上旬成熟，圆形，平均单果重 150 克。果实底色淡绿黄色，果面紫红色，有果粉，颇美观。果肉乳白色，风味浓甜酸，具香气。幼树生长旺盛。结果早，丰产。

藤牧一号 系美国品种。果实于 7 月上中旬成熟，圆形，平均单果重 190 克。成熟时果面有鲜红色条纹和彩霞，艳丽，光洁。果肉黄白色，松脆多汁，风味酸甜，有香气。幼树生长较旺。早果，丰产。

珊夏 系日本与新西兰合作选育的品种。果实于 7 月中下旬成熟，扁圆形，平均单果重 190 克。成熟时果面鲜红色至浓红色。果肉白色，硬度较大，风味酸甜，有香气。树势中等开张。早果、丰产。

秦阳 系西北农林科技大学园艺学院果树研究所从皇家嘎拉实生苗中选育的品种。果实于 7 月下旬成熟，近圆形，平均单果重 190 克。果实底色黄绿，条纹红，色泽鲜艳（图 2-1）。果肉黄白色，肉质细脆，风味酸甜，有香气。树势中庸，易成花。

二、中熟品种

美国八号 又名华夏，系美国品种。果实于 8 月上中旬成熟，圆锥形，平均单果重 240 克。成熟时果面浓红，光洁无锈。果肉黄白色，甜酸适口，有香气。树势中等。对修剪不敏感。易成花，丰产。

图2-1　秦阳苹果

嘎拉　系新西兰品种。果实于8月上中旬成熟，圆锥形，平均单果重180克。成熟时果皮底色黄色，果面鲜红色，有深红色条纹。果肉乳黄色，肉质脆，汁中多，酸甜味香，品质为极上等。树势中等。结果早，丰产。优系嘎拉有皇家嘎拉（图2-2）、丽嘎拉和太平洋嘎拉（图2-3）等品种。

图2-2　皇家嘎拉结果状

图2-3　太平洋嘎拉苹果

红津轻　系日本品种。果实于8月上中旬成熟，圆形，平均单果重200克。成熟时果皮底色黄绿，果面鲜红色，有深红条纹。果肉乳黄色，肉质松脆，甜中微酸，风味浓厚。树势强健，丰产。

红王将　系日本品种。早生富士的芽变优系。果实于9月中下旬成熟，短圆形，单果重300～400克。成熟时果面鲜红色，光洁艳丽（图 2 - 4）。果肉乳黄色，细脆多汁，甜味浓，品质优。栽培特性与富士相同。

　　玉华早富　由陕西省果树良种苗木繁育中心从弘前富士的芽变选育而成。果实于 9 月中下旬成熟，圆形，单果重 350 ~ 450克。果面呈条纹浓红，光洁艳丽（图 2 - 5）。果肉淡黄色，细脆多汁，味甜微酸，品质优良。属红富士系苹果类。

图 2 - 4　红王将苹果　　　　**图 2 - 5　玉华早富苹果**

　　金冠　系美国品种。果实于 9 月中下旬成熟，圆锥形，单果重 200 克左右。成熟时果面黄绿色，贮藏后全面变为金黄色。果肉甚细，味甜带酸，清香味浓，品质极上等。树势生长中庸，结果早，丰产。金冠受药害易产生果锈。金冠的芽变品系金矮生（也称无锈金冠）以及王林等果面光洁。

　　新世界　系日本品种。果实于 9 月下旬至 10 月上旬成熟。果实近圆形，单果重 250 ~ 350 克。底色黄绿，果面光洁，着浓红条纹，可全红，外观艳丽。果肉淡黄色，松脆稍韧，风味甜，有芳香。树热健旺，属半短枝类型。易成花，结果早，丰产（图 2 - 6，图 2 - 7）。

　　千秋　系日本品种。果实于 9 月上中旬成熟。果实圆形或长圆形，单果重 200 ~ 300 克。底色绿黄，果面鲜红，有明显红条纹。果肉黄白色，肉质细脆，汁液多，酸甜爽口，品质上等。树势中庸，树姿开张，丰产稳产（图2－8，图2－9）。

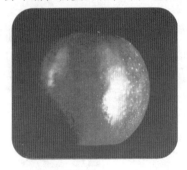

图2－6　新世界苹果

图2－7　新世界结果状

图2－8　千秋苹果

图2－9　千秋结果状

华冠　由中国农业科学院郑州果树研究所选育而成。果实于9月中下旬成熟。果实近圆锥形，果个中大，单果重180～200克。底色金黄，略带绿色，果面鲜红，有断续红条纹（图2－10）。果肉黄色，肉质致密，脆而多汁，酸甜可口，品质上乘。树势中庸，结果早，丰产性强。

三、晚熟品种

红富士　系日本品种。果实于10月下旬至11月初成熟，短圆形，单果重200～250克。成熟时果皮底色绿黄色，果面有条红和片红两种着色系（图 2 – 11，图 2 – 12）。套袋后果色更加艳丽。果肉淡黄色，细脆汁多，味甜带酸，具香气，品质极上等。树势生长中等。要求有较好的管理技术。丰产。

图 2 – 10　华冠苹果　　　　**图 2 – 11　富士苹果**

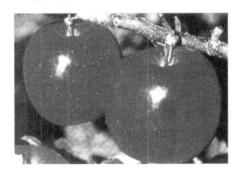

图 2 – 12　弘前富士苹果

优系红富士有长富 2 号、岩富 10 号、2001 富士和短枝富士等。短枝富士有宫崎短富和礼泉短富（图 2 – 13）等品种。

粉红女士　系澳大利亚品种。果实于 11 月上中旬成熟，圆形，单果重 160～200 克。成熟时果皮底色为黄色，果面鲜红色，外观艳丽（图 2 – 14）。果肉白色，肉质较硬，味甜酸。稍加存放，果味更佳。果实耐贮运。树势中等。早果，丰产。

澳洲青苹　系澳大利亚品种。果实于 10 月中下旬成熟，圆锥形，平均单果重200克。成熟时果皮翠绿色，光洁无锈，皮厚（图2-15）。果肉绿白色，肉质脆密，汁液较多，风味酸，宜加工果汁。树势强健，树姿直立。丰产。

图2-13　礼泉短富苹果

图2-14　粉红女士结果状

图2-15　澳洲青苹果

第三节　高接换头，优化苹果品种

高接换头是指将接穗嫁接在砧木树干上端或各级枝条上的一种农艺措施，是苹果品种更新改造的重要途径。它的主要特点是嫁接后能保持接穗品种的优良性状，能充分利用现有果树资源，树冠恢复快。与新建果园相比，结果早，易丰产，早受益。因此，目前已被广泛应用于苹果品种结构调整中。

一、高接前的准备工作

准备工作主要是选择、采集和贮藏好接穗。确定高接品种，应根据当地品种区域化的要求，选择适合于当前和未来市场需求的优良品种。可参照前述的品种和优良品种介绍选定高接品种。春季高接所用接穗，应在冬季修剪时结合修剪采集。采集接穗应选择健壮、无病虫害，特别是无病毒病的正常结果期树作为采穗母树，最好以无毒树作为母树。在母树上采取生长健壮、芽子充实饱满的 1 年生枝条，一般不宜采用幼树的枝条或徒长枝。接穗采好后，每 50～100 根捆成 1 捆，拴上标签，标明品种名称。成捆的接穗在果窖、菜窖或地沟中贮存，埋藏于湿沙中，以防止枝条失水。在贮藏期间，保持 0～7℃ 的低温和一定的湿度，并要定期（20～30 天）检查，勿使沙子过干或过湿，以防接穗发霉或干缩。翌春树液流动时取出嫁穗，嫁接前最好将接穗下端在清水中浸泡 1 昼夜，使其吸足水分并促进形成层活动，以提高嫁接成活率。秋季嫁接所需接穗可随采随接。

此外，高接前要准备好包扎用的塑料条和嫁接刀、剪枝剪、手锯等嫁接工具，并对嫁接工具进行消毒处理。消毒的简易方法是用酒精擦洗工具或将工具在 3～5 倍的浓碱水中浸泡 6～12 小时。

二、常用嫁接的基本方法

嫁接方法很多，在高接中常用的方法主要有以下几种。

（一）带木质嵌芽接

此法适于在砧木或接穗不离皮时或接穗紧缺时采用（图 2-16）。

削接芽　先从芽的上方 1.5～2 厘米处向下斜削 1 刀，由浅入深切入木质部，长 2.5～3 厘米，芽体厚度 2～3 毫米。然后在芽下方 1 厘米处以 30°～45°角斜切入木质部至第一切口底部，取下芽片。

削砧木切口　砧木切口削法与接芽削取方法相同，但长度应稍长于芽片。

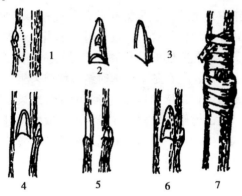

1~3. 削接芽；4~5. 切砧木接口；6. 插入芽片；7. 绑缚

图2－16　带木质嵌芽接

　　嵌芽片　把接芽嵌入砧木的切口，与形成层对准，插入时最好使芽片和切口正好吻合，或使接芽上方周围露出一圈砧木皮层。

　　绑扎将接芽和砧木切口用塑料条扎紧包严。秋季高接时，不露芽子，不解绑，翌春萌芽时再解绑。春季高接时要露出芽子。

　　（二）皮下接

　　是枝接中应用最广泛的一种方法，嫁接技术简单，容易掌握，操作方便，成活率高，适用于各类枝的嫁接，但必须在砧木离皮的情况下进行（图2－17）。嫁接成活后，应对嫁接枝进行保护，否则，易被风吹折。

　　削接穗先在接穗下端削一长度为3~4厘米的斜面，斜面要求平、长、薄。再在长削面背面削一长度为0.5~0.6厘米的小斜面。

　　切接口从砧木剪（锯）口开始，选皮光滑的地方，从上向下竖切皮层，深达木质部，长2~3厘米。

　　插接穗　用刀尖左右轻挑开切口皮层，将接穗大斜面向里，小斜面向外，插入砧木切口。要注意使接穗大斜面上端"露白"2～3毫米，以利愈合。

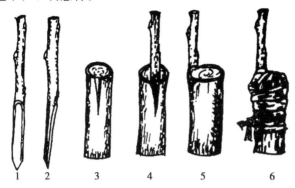

1～2. 削接穗；3. 切接口；4～5. 插接穗；6. 绑缚

图 2－17　皮下接

绑缚　将接口和砧木剪（锯）口断面处用塑料条包严绑紧，使接穗和砧木密接，以利成活。

（三）劈接

是一种应用较为广泛的枝接方法，适用于各类枝的嫁接，在砧木离皮前后均可进行（图 2－18）。此法较皮下接难掌握，效率较低。但成活后枝条比较抗风，不易劈枝，牢固性较强。

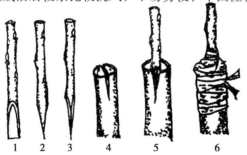

1～3. 削接穗；4. 切接口；5. 插接穗；6. 绑缚

图 2－18　劈接

削接穗将接穗的下端削成楔形斜面，即削成两侧相等的双斜面，但要使其形成外厚内薄而呈楔形，斜面长度3~4厘米。

切接口　在砧木横断面的中间，由上至下垂直劈1刀，切口长度3~4厘米。砧木断面要求用快刀削平滑。

插接穗撬开砧木切口，将接穗轻轻插入砧木，厚侧面向外，薄侧面在里，对准形成层，并注意使接穗削面在砧木外"露白"2~3毫米，以利分生组织形成和愈合。

绑缚与皮下接相同。

（四）皮下腹接

是在砧木腹部进行的一种枝接方法。嫁接时不必剪断砧木，砧木与接穗接触面大，成活率高。此法多用于高接树内膛插枝补空或补接授粉花枝，但须在砧木离皮时方可嫁接（图2-19）。

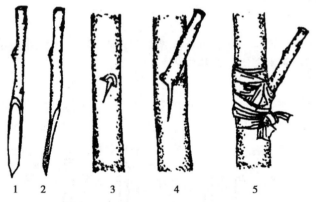

1~2. 削接穗；3. 切接口；4. 插接穗；5. 绑缚

图2-19　皮下腹接

削接　穗接穗的削法与皮下接相同，但最好选下端有弯度的枝条作接穗，并将大削面削在弓背一侧，以便嫁接后接穗与砧木间的夹角增大。

切接口　在砧木的嫁接中位切一"T"形切口，深达木质部，竖口方向与枝干成45°，在横切口处挖去一块半圆形韧皮部。

插接穗　将接穗大斜面向里插入砧木切口内。

绑缚　用塑料条包严绑实。

三、高接换头的方式

高接换头的方式很多，无论采取哪种方式，都要以"提质增效"为目标。为了实现这一目标，在高接时务必与树形改造相结合，即对原树进行高接换头时，根据树龄和密度大小确定改接成什么树形，并根据确定的树形整理骨架，选择高接方法，以达到早成形和规范树形的要求。

（一）按细长纺锤形高接

1. 整理骨架

一般每亩栽植83株以上的密植园可按细长纺锤形整理骨架。嫁接部位包括中心主枝和主枝共二级结构，可嫁接15～20个头。按照此标准，疏除多余枝条，保留枝条从基部留5～10厘米短桩锯断，将断面用快刀削平。最高嫁接部位（即中心主枝延长头的嫁接位点）距地面以2米左右为宜。

2. 高接技术要点

高接方法可采用带木质嵌芽接及皮下接或劈接（图2－20）。

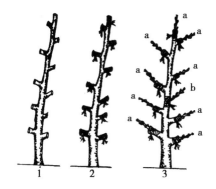

1. 整理骨架；2. 采用带木质嵌芽接；

3. a. 采用皮下接或劈接；b. 采用皮下腹接补空

图2－20　按细长纺锤形高接

带木质嵌芽接一般适于树龄为5年生以下的幼树，每头仅接1个单芽，成活后易形成单轴延伸的小主枝，整成细长纺锤形比较容易，管理方便。一般春季和秋季均可嫁接，但以秋季（8月中下旬至9月上旬）嫁接较为适宜。

皮下接或劈接法一般适于5年生以上的结果树，每头可接1~2个接穗，砧木较细时接1个接穗，较粗时可接2个接穗，以保证成活和促进伤口愈合。接穗长度为8~110厘米的短接穗，其上有2~3个饱满芽。每头嫁接2个接穗时，可采取长短接穗配合，长接穗一般长度为15~20厘米，其上有6~10个饱满芽。在内膛缺枝部位，可采用皮下腹接法补空。上述皮下接、劈接及皮下腹接的适宜时间是春季树液流动后的萌芽前后。

（二）按小冠纺锤形高接

1. 整理骨架

一般每亩栽植83株以下的果园可按小冠纺锤形整理骨架。嫁接部位包括中心主枝、基层主枝及中上部小主枝，全树可嫁接20~30个头。以此为标准，在树冠基层选留3~5个小主枝，每个小主枝上留1~2个枝作为辅养枝，将主枝头距有分枝处10厘米锯断，将其上分枝距基部5~10厘米处锯断。在基层主枝以上的中心干上，选留8~10个枝条作为中上部小主枝，在距中干基部5~10厘米处锯断，并将断面削平。将其余枝条从基部疏除。最高嫁接部位（即中心主枝延长头的嫁接位点）距地面2米左右。

2. 高接技术要点

高接方法采用皮下接或劈接，内膛缺枝部位可采用皮下腹接补空（图2-21）。其余高接技术要点可参照"按细长纺锤形高接"部分。

（三）大抹头蹲接+靠接

大抹头高接是一种古老的嫁接方法，多年来弃之不用，近年来经改造后又被使用。原来的大抹头留干较高，在其上嫁接4~

5 个接穗。经改造后留砧桩较低，一般在距地面 5～10 厘米处锯断，改接较为彻底。采用皮下接或劈接法嫁接 2 个接穗，即 1 个

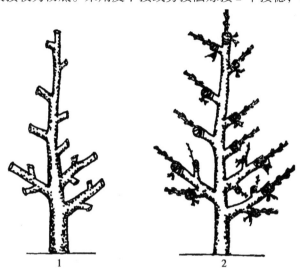

1. 整理骨架；2. 高接（采用皮下接或劈接法）

图 2-21　按小冠纺锤形高接

长接穗（长度为 1 米左右），再配 1 个短接穗（长度为 40～50 厘米），再将两个接穗靠接，以便于接口愈合及增加牢固性（图 2-22）。接好后包扎严紧并用湿土堆埋，以利成活。此法适用于各种树龄，在春季萌芽前后嫁接。原树为元帅系品种最好采用此种方法高接。另外，乔化砧树改矮化砧时，此法效果最佳，即在砧台上嫁接一复合接穗（接穗下端为长 20～25 厘米的矮化砧，上端为品种接芽或接穗），便可将原乔化树改换为矮化中间砧树。

四、高接换头应注意面授病

（一）发病症状及病因

已初步查明高接病主要有两种：一种是生理性原因，即嫁接

所用砧木与接穗品种不亲和或亲和力差。如在红玉品种树上高接元帅或富士系，有的嫁接枝、芽根本就不成活，有的枝、芽在嫁接成活后生长逐渐衰弱，直至全部死亡。另一种是病毒所致，即由褪绿叶斑病毒、苹果茎沟病毒和苹果茎痘病毒 3 种潜隐性病毒中两种以上复合感染引起的。

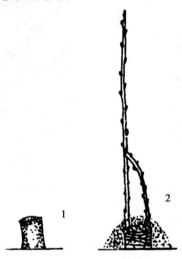

1. 整理骨架；2. 采用下接或劈接法

图 2 - 22　大抹头蹲接 + 靠接

患潜隐性病毒病的高接树地上部一般表现两种症状：一是急性症状，即"苹果衰退病"。高接病树表现为叶片小而硬，色黄，秋季落叶早；新梢总数减少 30% ~ 40%，总生长量减少 25% ~ 50%；花芽数量多，坐果数增多，果个变小，产量降低 20% ~ 60%；果实着色早，品质下降。发病后树体 3 ~ 4 年衰退死亡。解剖病根观察，有些高接树根木质部表面有凹陷斑。二是慢性症状，病树表现为生长不整齐，新梢数量、生长量都明显下降，树势衰弱，结果较晚，一般高接后 3 ~ 4 年才见产量。果实裂果严重，着色差，糖度下降，品质降低，不耐贮藏，树体需肥量增多，其中氮肥施用量要增加 30% ~ 45%，才能保证正常的生长结果。

（二）预防措施

为预防高接病的发生和发展，在高接时和高接后应采取以下预防措施。

其一，避免高接不亲和或亲和力差的品种。

其二，杜绝对带毒砧树和用带毒接穗高接。应用无毒接穗高接。无毒接穗应采自无毒母树园，尽量不用高接树上繁育的接穗。

其三，发现由病毒引发高接病树已明显衰弱者，应及时挖除，以免传染。

其四，对初发病树可采用脚接技术防止树体很快衰枯、死亡。发现高接树新枝生长变弱，细根有枯死时，在树下根周栽植 3 ~ 5 株健壮的无病毒圆叶海棠或金冠、国光等品种的实生苗，等成活后采用脚接法嫁接于原来的树干上，这样可保持树体在接后的几年里正常生长结果。

其五，对高接更新的果园，要加强以增施有机肥为主的地下管理措施，增强树势，提高抗病能力。

第三章　苹果园规划与果树栽植

第一节　苹果园的规划

一、园址选择的标准

苹果园选址首先要考虑当地的环境条件，特别是生态条件是否适合苹果树的生长，能否生产出优质苹果。同时也要充分考虑当地的小气候环境，因为小气候状况会直接影响果树的生长发育。苹果喜欢夏季冷凉、光照充足的地区，我国的环渤海湾地区、华北、西北和黄河故道地区等都是苹果的适生区。

苹果园对地形也有一定的要求。一般苹果园大都选择在地势比较平坦的地方或比较缓和的山坡丘陵地带，这样不但有利于高产稳产，也便于管理。坡度角一般不要超过25°，在山坡建园，还要修建好梯田，并做好水土保持措施。

苹果喜欢土层深厚、有机质含量高的土壤，土层的厚度和养分状况直接影响果树的生长和结果。过于瘠薄或养分含量太低的土壤，在建园前一定要先进行土壤改良。灌溉条件对果树生长也有影响，若在干旱地区建园，应选择地势比较平坦，附近有灌溉水源和配套设施的地方。在雨水量大的地方建园，还要做好夏季排涝措施，防止积水。

苹果建园不但要能够满足苹果树正常的生长发育，还要交通方便，便于果实的运输、销售和加工。另外，还要充分考虑市场需求。建园前，要组织有关专家进行论证，分析当地社会经济条件、市场前景、品种结构、发展水平、生产目标和经济效益预测等发展情况。如果可行性强，发展前景好，各方面条件齐备，就应下决心、加大投资建造标准化果园。

苹果园内品种的搭配不宜过多，相对集中在几个主栽品种上，注意成熟期搭配，以形成特色和规模效益。生产上要进行集约化管理，充分利用各种先进的生产技术，实行标准化、无公害管理，最好能够进行有机生产，或者在无公害生产的基础上向有机生产逐步转型，做到高投入、高产出，以期早结丰产，尽快受益。建园规模要充分考虑到当地的经济条件、人力、技术和交通等条件，量力而行。否则，容易出现建园规模过大、管理粗放、水肥投入不足、劳动力缺乏等问题，进而造成树势弱、产量低、品质差和经济效益低等问题，这是应当加以防止的。

二、果园规划和建设

（一）栽培小区的规划

为了便于管理，果园常划分为若干个作业小区。小区的形状和大小，根据地形、地势、土壤、气候及生产管理水平而定。小区的划分要兼顾"园、林、路、渠"进行综合规划，一般以 2 ～ 3.34 公顷为宜。过大不便管理，过小又会增加非生产用地，浪费土地。小区的形状通常以长方形为宜，其长边与短边的比例一般为 2～5∶1。其长边，即小区走向，应与防护林的走向一致，这样可以减轻风害。山地丘陵、缓坡地可用带状、平行四边形或三角形状，其长边可随地势起伏，沿等高线方向弯曲延伸，以便修水平梯田，保持水土。用滴灌方式供水的果园，小区可按管道的长短和间距划分。原有的建筑物或水利设施均可作为栽植小区的边界。目前我国多数农村的果园仍实行家庭联产承包制，在小区规划时需要按承包户、组、队所承包的面积划分栽植小区。

（二）道路和房屋的规划

道路应以建筑物为中心，以便于全园的管理和运输。道路由干路、支路和小路组成。主路居中，贯穿全园，并与公路、包装场等相接。山地果园的道路可呈"之"字形绕山而上，上升的坡度角不要超过 7°。干路路面宽 6～8 米。支路是果园小区之间的通路，需沿坡修筑，路面宽 4 ~ 5 米。小路又称作业道，是田间作业用道，如行驶小车或机动喷雾器等，路面宽 2 米左右。山地窄梯田边埂可作小路用，不必再修作业道。平地果园道路常与排灌渠道和林网相结合，以便节约土地。

在规划果园时，应做好辅助建筑物规划，包括管理用房、仓库、农具室、包装场及农药配制场等。包装场应尽可能设在果园的中心位置，药池和配药场宜设在交通方便处或小区的中心。山地果园的畜牧场，应设在积肥、运肥方便的稍高处，包装场、贮藏库等应设在稍低处，而药物贮藏室则应设在安全的地方。

（三）灌溉和排水设施的规划

1. 灌水系统

由水井（或灌水池）、干渠和支渠组成。干渠、支渠应设在果园较高处，山地果园干渠应设在沿等高线走向的上坡；滩地、平地干渠可设在干路的一边，支渠可设在小区道路的一侧。干渠的作用是将水引至果园中，纵贯全园；支渠将水从干渠引至作业区。为保证及时且充分供水，平地果园每 4 ~ 6.67 公顷需配一眼水井，山地果园需修梯田蓄水，临河果园需修渠引水到园。在山区和干旱地区，如果无法灌溉，最好采用穴贮肥水、积蓄雨水等方式，为苹果树生长提供必需的水分。

我国水资源短缺，所以应大力提倡节水灌溉，目前主要有滴灌、渗灌、树下喷灌和小管出流等节水灌溉方式。节水灌溉可以避免渠道灌溉中水分渗漏和蒸发损失的缺点，但一次性投资大。喷灌的投资和效益介于渠道灌溉和滴灌之间。从苹果生产的发展看，发展滴灌、喷灌更经济。山地果园采用喷、滴灌方式，可以不用造梯田和平整土地，辅之以其他水土保持措施，可节省大量的投资。

2. 排水系统

对于夏季雨水大、容易积水，或地下水位高的地区，建立排水系统非常必要。排水系统由排水干沟、排水支沟和排水沟组成，分别配于全园和小区内。一般排水干沟深 80 ~ 100 厘米，宽 2 ~ 3 米；排水支沟较排水干沟浅些、窄些，深 50 ~ 100 厘米，上宽 80 ~ 150 厘米，底宽 30 ~ 50 厘米。各级排水沟相互连通，以便顺畅排水出园。在雨季来临前，要及时检查排水沟是否通畅；在大雨后，要及时检查积水是否都已排出。

（四）水土保持措施

我国苹果的种植长期坚持"上山下滩、不与粮争地"的原则，许多苹果园是建在山坡、丘陵或高原上。据统计，我国坡地苹果园占总面积的 2/3 以上。加之年降水量分布不均，夏季降雨集中，暴雨频发，果园水土流失十分严重。尤其是西北黄土高原产区，丘陵和坡度大的山地苹果园，水土保持的任务繁重而艰巨。每一位苹果园业主都有责任、有义务做好水土保持工作。水土保持应采取综合治理的系统工程，通过改造地形、密植、种林带、种草、改土和建设蓄水坝等措施，才能有效地集存降水，减少地表径流，充分发挥保持土、肥、水的作用。

修建梯田，是最常用且效果最好的山坡地水土保持手段。等高梯田是山地果园应用普遍的一种水土保持形式，它既能防止水土流失，又便于机械作业和果园灌溉。按修筑梯田所用材料的不同，可分为石壁梯田和土壁梯田。在我国华北、东北等地区，由于土质比较松散，梯田埂最好用石头砌，其坚固耐用，维护费用较低。西北地区土质坚硬，可以用土堆筑梯田埂。梯田面的宽度和梯田埂的高度，可视果园的坡度而定。一般坡度越大，梯田面的宽度就越要窄一些，这样可以相应地降低梯田埂的高度，增强抗雨水冲击的能力。梯田面的外侧要略高于内侧，以利于蓄水抗旱，防止水土流失。另外，还有撩壕和鱼鳞坑等方式，撩壕常用于坡度小的地方，而鱼鳞坑多用于地形复杂的山区。

果园生草既可以防止水土流失、改良土壤结构，又可以增加土壤有机质含量。在雨量充沛的地区最好实行生草制度。通过果园生草、种绿肥和紫槐穿带（梯田壁半腰种植）等，可以形成良好的枝叶覆盖层，水土保持效果非常好。

（五）防风林建设

我国北方地区春季风沙大，时有沙尘暴发生，严重影响苹果开花、授粉和受精。大风还能刮去肥沃表土，使土壤变得瘠薄，肥力下降。另外，沿海滩涂果园时常受到台风、海风的危害。所以，在苹果园四周营造防风林，对苹果树具有很好的保护效果。在没有建立起农田防风林网的地区建园，都应在建园之前或同时营造防风林。防风林由主、副林带相互交织成网格。防风林带的有效防风距离为树高的 25~35 倍，最佳防护范围为树高的 15~20 倍。大风通过林带后，风速降低 19%~56%。防风林不但可以降低风速减少风害，还能增加空气温度和湿度，促进提早萌芽和有利于授粉媒介的活动。

主林带以防护主要有害风为主，其走向垂直于主要有害风的方向。如果条件不许可，交角在 45°以上也可。副林带则用以防护来自其他方向的风，其走向与主林带垂直。根据当地最大有害风的强度设计林带的间距大小，通常主林带间隔为 200~400 米，副林带间隔为 600~1 000 米，组成 12~40 公顷大小的网格。山谷坡地营造防风林时，由于山谷风的风向与山谷主沟方向一致，主林带最好不要横贯谷地，谷地下部一段防风林，应稍偏向山谷口，并且采用透风林带。

林带的树种应选择适合当地生态条件、与果树没有共同病虫害、生长迅速的树种，同时防风效果好，具有一定的经济价值。北方地区防护林常用树种：乔木有各种杨树、泡桐、银杏、白蜡、法国梧桐、水杉、臭椿、苦楝、沙枣、山定子、杜梨和核桃等；灌木可用紫穗槐、酸枣、枸杞和枸橘等。林带的宽度，以主林带不超过 20 米、副林带不超过 10 米为宜。林带距果树北面要大于 20~30 米，南面为 10~15 米。为了不影响果树生长，在果树和林带之间要挖一条宽 60 厘米、深 80 厘米的断根沟。断根沟可与排水沟和道路结合安排。

第二节　苹果树的栽植技术

一、苹果树栽植规划

进行苹果园苗木栽植规划时应确定栽植密度、栽植方式和品种配置。

（一）栽植密度

苹果乔化苗木、半矮化苗木和矮化苗木，在不同立地果园的栽植密度，如表3－1所示。栽植苹果苗木时，可根据苗木类型、立地条件具体确定栽植的密度，并根据密度准备充足的苗木。

表3－1　苹果园栽植密度

立地条件	乔化（普通型乔化砧）		半矮化（普通型矮化中间砧、短枝型乔化砧）		矮化（普通型矮化自根砧、短枝型矮化中间砧）	
	株行距（米×米）	株数（株/亩）	株行距（米×米）	株数（株/亩）	株行距（米×米）	株数（株/亩）
平原地、水肥地	4～5×6～8	16～28	3～4×4～5	33～56	2.5～3×3～4	56～89
高原干旱地	4×5～6	28～33	3×4～5	44～56	2～3×3～4	56～111

（二）栽植方式与品种配置

苹果园苗木栽植时，采取主栽品种与授粉品种混栽的方式。主栽品种与授粉品种的配置方式有中心式和行列式两种。中心式是每隔两行主栽品种配置一行含授粉品种的苗行，而在含有授粉品种苗的行中，又是每隔两株主栽品种苗配置一株授粉品种苗。行列式是每栽四行主栽品种苗就栽一行授粉品种苗。具体的配置方式如图3－1所示。

（三）苹果主要品种适宜授粉组合

苹果是异花授粉果树。一个苹果品种的花，必须授以适宜品种的花粉，才能坐果。这就是建立苹果园时，需要配置授粉品种的原因所在。苹果主要品种的适宜授粉组合如表3-2所示，在建立苹果园时可以选择采用。

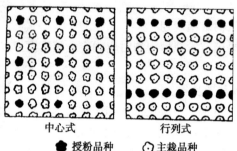

中心式　　　　　　　行列式

● 授粉品种　○ 主栽品种

图3-1　授粉树配置图

表3-2　苹果主要品种适宜授粉组合

主栽品种	适宜授粉品种
元帅系	富士系、金冠系、嘎拉、千秋、津轻
金冠系	元帅系、富士系、秦冠
富士优系	金冠系、元帅系、津轻、千秋、秦冠
嘎拉优系	富士系、美国8号、藤牧1号、粉红佳人
乔纳金优系	富士系、元帅系、金冠系、嘎拉
千秋优系	嘎拉系、富士系、元帅系、津轻
藤牧1号	珊夏、美国8号、嘎拉系、津轻
美国8号	嘎拉系、珊夏、藤牧1号、元帅系
澳洲青苹	富士系、元帅系、嘎拉、津轻
粉红佳人	富士系、元帅系、美国8号
津轻	元帅系、嘎拉系、金冠系
华冠	嘎拉系、元帅系、富士系

二、定植沟的准备

（一）挖掘定植沟（穴）的时面与规格

在栽植前3~6个月，要挖好定植沟（穴）。其规格为：沟

深 0.8 米，宽 1.0 米，长与行长同；穴深 0.8 米，长、宽各 1
米。挖掘时，应把 25 厘米厚的表层土，独放一边备用。

（二）定植沟（穴）回填

定植沟（穴）的回填，应按图 3－2 所示的顺序，由下往上
地逐层进行。

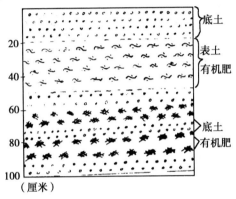

图 3－2　栽植沟回填示意图

回填可分两个阶段进行：

第一阶段是沟（穴）内 45 厘米以下的回填。把杂草、秸秆
与生土分三层回填沟底；促其在高温、有氧条件下腐烂；同时，
还可蓄雨水。时间为 15～30 天。土与肥下陷后可再补填。

第二阶段是沟（穴）内 45 厘米以上的回填。在 15～45 厘
米深处，用原来的表层熟土，与腐熟好的农家肥混匀，用来回
填。上层 15 厘米用原生土回填，以便收蓄雨水，以备栽植。

三、苹果苗木栽植

（一）栽植时期

目前，北方多以春季栽植为主。要提倡秋季栽植，特别是本
地育苗的，可在 9～10 月份带土栽植（图 3－3）。秋季栽植的，
在冬季要做好防寒防旱工作。

栽植时要拉线定点。将栽植坑挖在准备好的定植沟（穴）中。

根据苗木根系大小，一般挖 0.3 米 ×0.3 米 ×0.3 米的栽植坑。

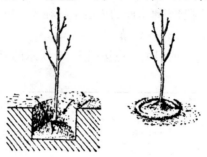

图 3 - 3　带土栽植

（二）栽植原则

栽植苹果苗木，要掌握好以下原则：伤根修剪，蘸好泥浆；根系舒展，根颈地平；回土填实，栽后浇水；保墒增温，促根生长。

四、栽后管理

（一）土壤类型和质地

土壤是指陆地上能够生长植物的疏松表层，土壤之所以能生长植物，是因为土壤具有肥力，即土壤供给和协调植物生长发育所需要的水分、养分、空气、热量、扎根条件和无毒害物质的能力。水、肥、气、热是土壤的四大肥力因素，它们之间相互作用，共同决定着土壤肥力的高低。土壤肥力分为自然肥力、人工肥力、有效肥力和潜在肥力。土壤的组成物质是土壤肥力的基础，任何一种土壤都是由固体、液体和气体三相物质组成。固体部分包括矿质土粒、有机质和土壤微生物，一般占土壤总体积的40% 左右。土壤固相是土壤的主体，植物扎根立足的场所。它的组成、性质、颗粒大小和配合比率，也是土壤性质的产生和变化的基础，直接影响着土壤肥力的高低。

土壤根据组成可分成三大类（表 3 - 3）。

1. 沙土（热性土）

含沙量≥50%，营养缺乏，能透性好，保水保肥力差，易升温，易出苗，施肥浇水易分多次进行。

2. 黏土（冷性土）

黏粒含最≥30%，养分充足，能透性差，保水保肥力强，难升温，出苗难，后劲大。

3. 壤土（二合土）

沙黏适中，养分充足，土壤孔隙度适当，保水、保肥力强，土温暖，耕性好，有后劲，壤土最适合苹果生长。

表3-3　我国土壤质地分类标准

质地类型	质地名称	颗粒组成（%）		
		沙粒 1~0.05毫米	粗粉粒 0.05~0.01毫米	黏粒 <0.001毫米
沙土	粗沙土	>70		
	细沙土	60~70		
	面沙土	50~60		
壤土	沙粉土	>20	>40	<30
	粉土	<20	—	
	粉壤土	>20	<40	>30
	黏壤土	<20	—	>30
	沙黏土	>50	—	
黏土	粉沙土			30~35
	壤黏土			35~40
	黏土			>40

土壤中大小不同的矿物质及有机物质颗粒并不是单独存在的，一般通过多种途径相互结合，形成各种各样的团聚体。土壤颗粒之间不同的结合方式，决定了土壤孔隙的大小、数量及相互间的比例，决定了土壤固、液、气三相的比例。它不仅影响到土壤中许多物理、化学及生物学过程，对土壤的水、肥、气、热各种肥力因素影响很大，而且直接决定土壤的耕作性能。此外，黏粒和腐殖质及其二者的结合物都是土壤胶体，这些胶体的带电性

和具有的表面能,具有很强的吸附物质能力,从而影响土壤的保肥供肥能力及其他诸多性质。苹果生长的土壤环境是否适宜,不仅决定于土壤的基本组成,还与土壤的基本性质密切相关。

(二)土壤酸碱度

土壤的酸碱度,对苹果的养分吸收和生长发育有着重要的影响。强酸性土壤会影响硅酸、镁、磷酸等的吸收,造成根部发育不良;强碱性土壤会造成氮、磷、铁、钙等吸收不良,引起果树发生缺素症,影响树体的健康。不同的营养元素在不同的 pH 值环境中,因其存在状态和形式不同,元素的有效性不同。一般来说,铁、锰、锌、铜、钴在酸性条件下有效性较高,其他营养元素在中性和碱性条件下有效性较高。苹果最喜欢弱酸性土壤,以pH 值在 5.4~6.8 为最好(图 3-4)。

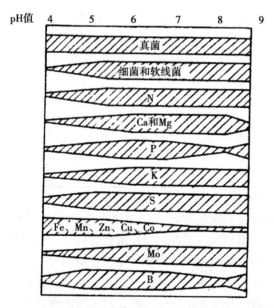

图 3-4　不同土壤 pH 值之下微生物和营养元素的活化状态

（三）土壤有机质

有机质含量的高低是一个果园肥力最重要的标志，也是一个果园管理水平的主要标志之一，如何提高土壤有机质是进行土壤改良的核心内容。土壤有机质是动植物、微生物残体和有机肥料在土壤微生物作用下形成的各种形态有机成分，主要有新鲜的有机质、半分解有机残余物和腐殖质（图3-5）。土壤腐殖质是改良土壤、供给树体营养、提高苹果产量和品质的基础，特别是在进行高品质的果品生产时，必须有较高的土壤有机质水平。我国中低产田有薄层土壤、盐碱土和风沙土等，通过土壤改良的方法，增加土壤有机质含量是培肥改土、提高土壤生产力的重要措施。

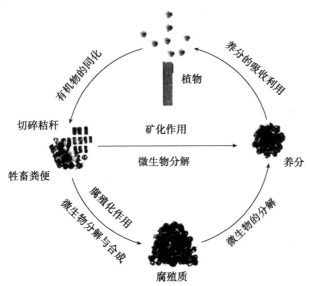

图3-5　土壤有机质的形成和利用过程

第四章 苹果园的土壤和水肥管理技术

第一节 土壤的管理与改良

一、土壤对苹果树生长发育的影响

(一) 苗木定干

对已栽好的树苗要及时定干。一般在栽完后进行，也有的在栽植前就剪截定干。定干高度要根据苗木大小和砧木类型确定，一级苗定干高度要高些，小弱苗定干高度要低些，剪口都要选在饱满芽以上。乔化苹果苗定干高度一般为 80~100 厘米，矮化苗为 60~80 厘米。定干高度均包括 15~20 厘米长的整形带。对于特殊栽植方式苗木的定干高度，可视具体情况而定。在北方干旱寒冷、风沙大的地方，最好定干后套塑料袋防止抽条。

(二) 浇水保墒

栽后浇水保墒是确保苗木成活的关键。我国北方地区春季干旱，一定要及时浇水。在定植前要淹透定植穴，定植后随即要浇定植水。苹果定植水一般不宜过大，春季浇水大影响地温，不利于缓苗。定植水后数天，当小苗发出新叶，表面根系开始恢复生长，苗已缓转时，要浇一次大水，称之为缓苗水。植株缓苗后，根系进入快速生长期，这时根际缺水将直接影响根的发生、生长，因此及时补水是必要的。

幼树枝叶少，土壤水分的散失主要是土壤蒸发掉的。覆膜可有效防止水分蒸发，在干旱和半干旱地区，最好在浇两三遍水后覆盖黑地膜，这样既可保墒，又能增加地温，对于提高苗木成活率、缩短缓苗期和加快生长等都有非常显著的作用。覆盖黑地膜还能抑制杂草生长。通常在树带或树盘内覆盖地膜，覆膜时要注意先整地、耙平，捡出石块或树枝，使树干周围地面稍隆起。然后平铺地膜，边缘用土压严。注意在树干周围堆个小土堆，压住穿孔处，以免膜下高温蒸汽灼伤树干皮层，导致死树。

（三）及时补栽

春季发芽以后，要认真检查苗木的成活情况，对于死亡的苗木要查清原因，及时补栽。当年补栽，一般是利用田间假植的备用苗，在当年雨季的阴天采取枝条带叶、根系带土团，边挖边进行补栽，也可以在当年晚秋或来年发芽前进行补栽。补栽的苗木，其砧穗组合应与死株的相同，树龄一致，以保持园相整齐。

（四）幼树防寒和防抽条措施

由于我国北方地区冬季寒冷，早春常有霜冻，空气干燥且风沙大，而苹果幼树的抗寒性差，容易发生冻害和抽条现象，所以应搞好冬季防寒工作。秋栽幼树最好埋入土中，视当地气候条件确定埋土厚度，通常为 10 ~ 20 厘米，第二年春天萌芽前出土。北方寒冷干燥的地区，如黄土高原、河北北部和北京，经常发生苹果幼树抽条现象。对于新种幼苗可以套上塑料袋，既能防止抽条，也能促进枝叶的生长。当新枝长到 5 ~ 10 厘米长时，要及时解膜，先在上部开口，过 2 ~ 3 天再全部撤掉。在易抽条地区要对苹果幼树保护 2 ~ 3 年，幼树入冬前在树干上缠一层地膜是最好的防抽条措施，也可以捆包一些稻草，春季再解掉，或在树干基部培土，以保护根颈，来年再将土撤掉，或培月牙埂等。入冬前灌一次冻水，可减少幼树抽条，同时要增加磷肥、钾肥的施用量，提高树体的营养水平。夏季摘心也可防止抽条。

（五）中耕除草

苹果幼树根系浅，杂草的生长会严重影响根系对养分和水分的吸收，所以对幼树要及时中耕除草。当缓苗水下渗后，人员能够进地时，就可以进行中耕。

（六）病虫害防治

可以在果园悬挂杀虫灯诱杀金龟子。此外，为防止金龟子和象鼻虫等为害，还可在苗干中上部套一个窄长塑料袋，将袋子下面扎严，上端露出小孔，或扎些小孔，以防高温灼伤幼叶，为害过去后，脱除塑料袋。夏季、秋季还要注意防治蚜虫、卷叶虫、白粉病和早期落叶病。如发现病毒病株，应及时拔除并烧毁。

二、苹果园土壤管理

果园土壤管理方法，也称土壤管理制度。是指果树行间、行内地面土壤耕作或其他管理措施。下面重点介绍有关的基本方法。

（一）生草法

1. 生草的作用

果园生草，就是在果园内全园或只在行间带状种植对苹果生产有益的植物的土壤管理制度。生草制是现代果园最好的土壤管理模式，也是生产高品质苹果的关键性技术之一，特别是进行有机生产的果园必须进行生草栽培。除特别干旱的地区外，我国大部分苹果园都应该大力提倡。在干旱、半干旱地区不宜选用深根性的草种，可选用三叶草、黑麦等草种。生草法的主要作用有以下几个方面。

（1）增加土壤的有机质，提高土壤肥力　土壤有机质含量是土壤肥力的核心，我国土壤有机质含量一般为 0.6% ~ 0.8%，远低于国际上生产高档果品对土壤有机质的要求（3% ~ 5%），这也是我国果实品质差的一个主要原因。据研究，一个中等产量的苹果园，每年需要消耗有机质 24 吨/公顷，而 1/3 带状生草的果园就可以满足这种消耗，并有一定的积累。种植白三叶当年就可收获鲜草 15 吨/公顷，第二年可收获 37.5 吨/公顷，紫花苜蓿每年可收获鲜草 45 ~ 50 吨/公顷。另外，生草的根系枯死后也可以提供大量的有机物质，连续种植多年可显著提高果园有机质含量。

（2）改良土壤的结构　土壤有机质含量的增加和草根的生长，有利于促进土壤团粒结构的形成。研究表明，苹果园生草后，土壤的团粒结构可以增加 18% ~ 25%，同时还可以增加土壤的孔隙度和毛细管的数量。

（3）改善果园小气候　生草可以调节果园气温，增加空气湿度。同时能调节土壤温度，有利于果树根系生长，如冬季清耕园冻土层（北京）最厚达 40 厘米，而生草园只有 20 厘米；果园生草冬天地温可增加 1 ~ 3℃，早春根系活动提前 15 ~ 30 天；夏季可使地表温度下降 5 ~ 7℃，这对夏季高温地区的果园有重要意义。

（4）改善果园的生态平衡　生草果园害虫天敌的种群多，数量大，可增强天敌控制病虫害发生的能力，减少人工控制病虫害的劳力和物力投入，减少农药对果园环境的污染，创造生产安全果品的良好条件。

（5）减少水土流失　生草果园能很好地覆盖地面，可以保墒蓄水，减少地面冲刷。有研究表明，生草后土壤表土含水量可增加 15% ~ 31%，土壤流失量减少 86%，对山坡地果园尤其明显。

（6）节省人力物力　生草管理省工高效，尤其是夏季，生草园可有较多的劳力投入到树体管理和花果管理上。

2. 果园生草方法

果园生草可分为自然生草和人工生草两种。自然生草是指果园自然长出的各种杂草不锄，通过自然相互竞争和连续刈割，最后剩下几种适于当地自然条件的草种，实现果园生草的目的。但其改良土壤的效果较差，通常 10 年时间有机质含量才提高 1% 左右。另外，自然生草还会滋生有害杂草；有的草根过深，在水肥条件差的地区会存在与果树争水争肥的现象。

人工生草是人为种植有利于土壤改良、增加土壤肥力的专用草类，如白三叶、红三叶、紫花苜蓿、紫云叶、黑麦草、毛叶苕子、草木樨、黄豆和豆科类牧草等。在园边、路旁、沟堤和渠边，可选种草木樨、紫穗槐和田菁等；在低洼盐碱地区，应选田菁和桎麻耐盐植物等；山冈旱薄地，可选草木樨和紫穗槐等抗干旱瘠薄的植物。进行畜牧养殖的果园可用部分草喂养牲畜和家禽，实行"过腹回田"，既可获得畜产品，又加速养分的转化，更有利于果树吸收利用，一举多得。

平原地区种草一般选在早春和秋季进行。种草时，既可单一播种，也可混播。可采用黑麦草与三叶草混播，黑麦草与毛苕子混播等方式。幼苗期及时清除杂草，是生草能否成功的保证，同时注意对生草施肥浇水。当草长到 30 厘米高以上、大部分开花时，即应将其刈割覆盖树盘，留茬高度为 5～10 厘米，一年可刈割 3～5 次。每次刈割后，借雨趁墒每亩撒施尿素 5 千克（有机果园要在夏季撒施腐熟好的有机肥 300～500 千克）。生草 3～5 年后，草开始老化，应及时翻压，重新播种。

（二）深翻改土

结合施用有机肥进行深翻改土是进行土壤改良的有效方法，大量施入有机肥可以迅速地改良土壤，同时为土壤提供肥料。改土不能简单地等同于施肥，改土的主要目的是增加土壤有机质，改善土壤结构和理化性状，所用材料主要是经过腐熟的有机肥料，可根据土壤情况调节配方；施肥主要是为土壤提供营养元素，可用有机肥也可用化肥，一般也不用深翻。

深翻方法有扩穴深翻、隔行深翻和全园深翻等。苹果园深翻改土最好在秋季，采收后就可以进行，一般和秋施基肥相结合，最好一次将基肥施足。每次用腐熟堆肥 3 000～5 000 千克/亩，农家肥 4 000～6 000 千克/亩，或商用有机肥 500～1 000 千克/亩。为改土施肥的施肥量比正常施肥量高 1 倍以上，改土时应注意将有机肥和表土混合均匀后施入，施肥部位在树冠投影范围内。沟深 60 厘米，沟宽 60～80 厘米，挖沟时表土、里土分开堆放，可先在沟中填入有机物（如树叶、秸秆、杂草等），再把各种肥料撒在表土上，经搅拌均匀后全部回填（最好能先回填 2/3，接着浇上配好的微生物营养液，然后再回填 1/3）并做成垄状，施基肥后在施肥沟内灌一次透水。

（三）间作制

间作通常在苹果幼树期进行，幼年期果树，树冠矮小，可以利用行间间作，种植大豆、甘薯、西瓜、花生和马铃薯等一些矮秆作物。对于成年果树，因其行距宽、结果初期时间长，可以与一些生理习性相近的树种或蔬菜进行间作。

果园间作的原则是，间作物与果树没有相同的病虫害；苹果树是喜光作物，间作作物不能对树体有所遮蔽；种植间作作物，应留足树盘，新定植幼树的树盘应在 1 平方米以上。以后随着树冠的增大，行间间作面积应逐步减小。间作的果园最好间作绿肥。绿肥作物根系强大，茎叶茂盛，特别是豆科绿肥的根瘤菌有固氮作用，刈割后能增加土壤有机质和以氮素为主的多种营养元素，显著改良土壤，提高肥力。种植绿肥，还可覆盖地面，抑制杂草，调节土温，有利于根系的活动。在山地种植绿肥，可减少水土冲刷，保持水土；在沙地则可防风固沙，对盐碱地有防止返碱、降低土壤盐分的作用。间种绿肥的种类，有紫花苜蓿、紫穗槐、草木樨、田菁、毛叶苕子、绿豆、荆条和胡枝子等。

（四）覆盖制

覆盖制是利用塑料薄膜、作物秸秆、杂草、糠壳、锯末和沙砾等材料，覆盖在土壤表面的一种土壤管理方法。覆盖可以抑制杂草生长，增加土壤有机质，减少水土流失和水分蒸发。

1. 秸秆覆盖

果园可用麦秸、豆秸、玉米秸或谷糠，也可用杂草等取之方便的植物材料，覆盖全园或带状、树盘状覆盖，秸秆覆盖在我国应用较广。秸秆覆盖可以起到春季保墒的作用，也可以增加土壤有机质含量，提高土壤肥力。但秸秆覆盖费料、费工，只宜在劳动力多、秸秆材料丰富又方便覆盖的地区实施。

2. 薄膜保墒覆盖

常用的薄膜材料是 0.02 毫米厚的聚氯乙烯塑料膜，白色或无色透明，管理好可用 2 年，一般只用 1 年。薄膜保墒覆盖可有效抑制土壤水分蒸发，尤其在春、夏季节，保墒效果非常好，胜过 2～4 次灌溉。北方地区，3～5 月份土壤蒸发量为 500～750 毫米，薄膜覆盖可以减少水分蒸发 40%～70%，还可提高早春地温、抑制杂草生长。

3. 沙、石覆盖

我国西北地区，如河西走廊的农田，包括果园有用沙、石覆盖的传统。其目的主要是保墒，也有使土壤积温增加的效果，这在干旱和半干旱地区及年积温低的地区是非常有意义的。苹果是多年生植物，进行沙、石覆盖比农作物覆盖更有优势，但其缺点是前期人力投入大。

沙、石覆盖，可分为长期覆盖和短期覆盖两种类型。长期覆盖，先在幼树树冠下小面积覆盖，后逐渐扩大面积，至带状覆盖或全园覆盖，覆盖厚度为 10～20 毫米，施肥时可挪动石块，施肥后恢复原覆盖状。短期覆盖，主要在土壤蒸发量最大、降雨最少的季节覆盖，厚度相同。

（五）免耕制

免耕法或免耕制，即果园全园或只一部分地面（另一部分生草或覆盖）用化学除草剂除草，不耕作或很少耕作（故又称零耕法或最少耕作法）。免耕法果园的土壤结构性能好，无"犁底层"，适于果树根系生长发育；同时有利于清园作业，果树病虫潜藏的死枝、枯叶、病虫果和纸袋等一次清除，效率高。用除草剂防除杂草，可结合灌溉、地面追肥或喷施农药进行，劳动强度大大降低。其缺点是，土壤有机质逐年减少，土壤肥力降低；所使用的除草剂会破坏土壤结构，杀死土壤中的微生物和小动物，破坏了果园的生态平衡。有机生产的苹果园不能采用免耕法。

（六）清耕制

清耕制是在果树行间、行内经常中耕，保持果园地面无杂草和土壤表层疏松的土壤管理方法。清耕的优点是干旱季节可保墒；春季中耕提高土温，疏松土壤，有利于土壤微生物活动，促进根系吸收养分；同时可以防除杂草，减少杂草与果树的水分与养分竞争。清耕制的缺点较多：破坏土壤结构，造成土肥易流失，表层以下有一个坚硬的"犁底层"，影响通气和渗水；长期清耕，土壤有机质含量下降较快，对人工施肥，特别是对有机肥的依赖性大；清耕条件下，果树害虫天敌少，虽然清耕果园通风透光好，但不是最佳的生态环境；清耕管理劳力投入多，劳动强度大。我国过去一直提倡清耕制，目前大部分苹果园也都实行清耕制，但综合而言，这种方法并不值得提倡。

第二节　果园土壤的肥力管理

一、苹果树需肥特点

苹果树作为多年生的深根性作物，树体有贮藏养分的能力，因此，施肥既要考虑当年树体的需要和贮藏营养的需要，也要考虑对翌年产生的影响。苹果树在生长发育过程中，不同的年龄时期和生长季节，表现出对营养元素一定的选择性吸收规律。主要有以下几方面。

（一）不同年龄时期需肥特点

应根据果树不同发育阶段营养特点确定主施肥料种类。幼果期和初果期以促进树体生长和骨架建立为目的，应以氮肥为主，磷肥、钾肥为辅。盛果期树养分需求量最大，养分的主要作用是维持树体健壮生长，保证产量，提高果实品质，维持结果年限。此期氮肥施用量要适宜，磷肥、钾肥需求量增大。衰老期树磷肥、钾肥要适量，相应加大氮肥用量，以维持树体不衰，并满足一定产量和树体更新的要求。

（二）果树年周期需肥特点

春季果树萌芽、展叶、开花、坐果、幼果发育和新梢生长连续进行。主要消耗上年树体贮藏养分，养分供求矛盾突出，应以氮肥为主、磷肥为辅补充一定的养分。仲夏期间营养生长与生殖生长同期进行，果树物候期发生重叠，出现养分分配与供求矛盾，是苹果树的一个重要的营养临界期，此期追肥应注意氮、磷、钾的平衡关系，增加磷肥、钾肥用量。初秋果实继续发育，花芽持续分化，中熟苹果亦开始着色，此时追肥应以磷肥、钾肥为主，以氮肥为辅，这次追肥将有利于果实后期发育，花芽充实饱满和果实品质的提高。秋施基肥，有利于根系伤口愈合和提高树体贮藏养分。

二、施肥时期、施肥量与施肥方式

（一）施肥时期

在秋季施基肥。基肥以农家有机肥为主。基肥施用量占全年施肥量的70%。

在生长季进行追肥。如萌芽期、开花前和新梢旺长期，坐果及果实膨大期，果实成熟期及新梢停长期等时期均可追肥。依据树体状况，每年以追肥1~3次为宜。

（二）施肥量

幼树每株施纯氮60克、磷（五氧化二磷）30克、钾（氧化钾）50克。初果期每株施纯氮300克、磷（五氧化二磷）150克、钾（氧化钾）250克。

盛果期树每生产50千克果实，施用纯氮0.35千克、磷0.16千克、钾0.35千克、农家肥100千克。

（三）施肥方式

施基肥，可采取条沟施肥、放射沟施肥和全园撒施浅锄等方式进行。

追肥，可采取树盘施肥、穴施水肥和叶面喷肥等方式进行。

1. 条沟施肥

在果树行间、树冠外缘挖施肥条沟，条沟宽 30 厘米、深 25～30 厘米，施肥后将沟填平。这种方式适宜密植果园，便于机械化作业（图 4－1）。

2. 放射沟施肥

在距树干 60 厘米左右处，挖 5～8 条放射状施肥沟，施肥沟里窄外宽，外宽 20～30 厘米，里浅外深，外深 15～30 厘米。这种方式适宜给稀植大树施肥时采用（图 4－2）。

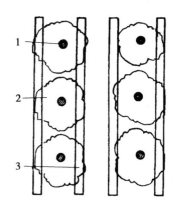

1. 树干；2. 树冠；3. 条沟

图 4－1　条沟施肥

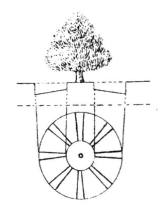

图 4－2　放射沟施肥

3. 穴施水肥

这种方式的施肥灌水穴，直径为 20 厘米左右，深度 30 厘米，中间置入一个草把。依据每株树树体大小，在树冠下挖 3～8 个穴。在每穴中用氮肥、磷肥和有机肥按 1：2：50 的比例配成的混合肥，回填在草把外围，踏实，略低于地面。每次灌水 5～10 升，并用地膜覆盖（图 4－3）。通过肥水的渗透浸润，完成对苹果树的浇水与施肥。

4. 叶面追肥

叶面追肥，是通过对苹果叶片、枝干喷施肥液，完成对苹果树的追肥。苹果树叶片追肥的肥液适宜浓度见表4-1。

1. 贮肥穴；2. 浇水施肥孔；3. 草把；4. 石头；5. 塑料薄膜

图4-3 穴施水肥加覆膜

表4-1 苹果树根外追肥的肥液适宜浓度

种类	浓度（%）	时期	效果
尿素	0.2～0.3	开花至采果前	提高产果率，促进生长发育
硫酸铵	0.1～0.2	同上	同上
过磷酸钙	1.0～3.0（浸出液）	新梢停止生长	有利于花芽分化，提高果实质量
草木灰	2.0～3.0（浸出液）	生理落果后，采前	同上
氯化钾	0.3～0.5	同上	同上
硫酸钾	0.3～0.5	同上	同上
磷酸二氢钾	0.3～0.5	同上	同上
硫酸锌	3～5	萌芽前3～4周	防治小叶病
	0.2～0.3	发芽后	
硼酸	0.1～0.3	盛花期	提高产果率
硼砂	0.2～0.5	5～6月份	防治缩果病
	加适量生石灰		
柠檬酸铁	0.05～0.1	生长季节	防治黄叶病

三、无公害苹果园的施肥

施肥的原则一是以提高土壤有机质含量为中心（土壤有机质含量应达到1.5%以上），重施有机肥；二是有机肥与无机肥相结合，按照控氮、稳磷、增钾的原则，科学、适时、适量追施化肥；三是重视微量元素的补充。

（一）建立有机肥为主的施肥制度

1. 无公害果园施用有机肥的作用

（1）促进土壤团粒结构的形成　果园施入有机肥后，在微生物的作用下，可转化为有机质，进一步形成一种特殊的黑色黏团状物质——腐殖质。腐殖质可与土粒结合在一起，使分散的土粒相互胶结起来，从而形成大大小小的团粒，即我们常说的"团粒结构"。土壤团粒结构的形成，可以增强土壤的保肥保水能力，从而收到以肥调水、以肥蓄水和以肥节水的良好效果。这一点在旱塬地区尤显重要。

（2）供给果树多种养料　有机肥营养成分全，含有果树生长发育所需的多种营养元素。有机质在转化过程中除形成腐殖质外，另一途径则是矿化过程。矿化过程能把有机质中果树不能吸收利用的各种养料变为可给态养料，如将氮、磷、钾、钙、镁、硫、铁、硼、锌等释放出来，供果树吸收。这便是养料的释放过程。而有机质变为腐殖质则是养料的积累过程。积累在土壤中的腐殖质，在一定的条件下，又可以经过缓慢分解而释放出养分，供果树吸收利用。因此，施用有机肥，不仅能在较短时期内供给果树养分，又能在较长时间持续发挥作用，从而满足果树对多种营养元素的需要。

（3）促进微生物活动　有机质是土壤微生物活动不可缺少的能源。因而，施入有机肥有利于土壤微生物繁殖，并增强其活性，进而促进有机物分解，丰富土壤养分。

（4）有助于克服缺素症，提高光合效能　有机质分解过程中可产生有机酸及二氧化碳。有机酸能改变土壤的 pH 值，提高难溶性矿化物的溶解度，这对克服缺素症十分有利；而二氧化碳逸出土壤后则有助于提高果树的光合效能。

（5）健壮树势，增强抗性，减少化肥、农药用量，提高品

质和产量 果园施入有机肥后，由于改善了土壤结构，丰富了土壤中养分含量，进而促进了果树的吸收和利用，树体生长健壮。这样既提高了果实品质和产量，又大大增强了树体抗御不良环境条件和病虫害的能力。这对减少果园的化肥、农药用量，减少环境和果品污染，保持生态平衡，生产无公害果品具有十分重要的作用。

2. 可利用的有机肥种类

粪尿类包括人粪尿、畜粪尿、禽粪尿、蚕沙（蚕粪）等。这类肥料均为有机质含量丰富，氮、磷、钾等元素全面的完全肥料。

（1）厩肥类 是指家畜粪尿和垫圈材料（土）混合堆制而成的肥料。主要包括大家畜厩肥，猪、羊圈肥等。这类肥料有机质含量较为丰富，并含有氮、磷、钾等多种营养元素。

（2）堆肥 是以作物秸秆、杂草、落叶等为主要原料进行堆制，利用微生物的活动使之腐解而成。也属营养成分全、有机质含量丰富的完全肥料。

（3）饼肥类 是油料作物榨油后剩下的残渣，例如，菜籽饼、棉籽饼、大豆饼、芝麻饼、花生饼等。这类肥料是有机质含量极为丰富并富含氮、磷、钾等多种营养元素的优质肥料。

（4）秸秆类 作物秸秆如麦秸、玉米秆、甘薯蔓、豆蔓、花生蔓等以及杂草、树枝、落叶等。这类肥料有机质含量丰富，营养成分全面。

（5）杂肥类 主要包括垃圾、炕土肥、草皮土、屠宰场的废弃物等。这类肥料也含有一定数量的有机质和多种养分，均可广泛收集利用。

上述肥料可根据实际情况选择使用。

3. 果园养猪、鸡

广辟肥源，大力发展果园养猪，实现果、畜并举，是解决果园有机肥、提高经济效益的有效途径。陕西白水、澄城等县果农已在果园养猪方面积累了成功的经验。其具体做法是：将猪舍建在果园，猪圈内铺成水泥地面，外侧建一积粪池，粪便排入池内，根据需要随时灌施，极为方便。这样，每头猪每年可满足亩果园有机肥的需求量；同时，又大大减少了化肥用量。

果园养鸡是开辟有机肥源的又一重要途径。为满足有机肥的需求量，养鸡数量以每亩果园 20～30 只为宜。采用放养的方法。鸡排出的粪便直接为果园增加了有机肥，培肥地力效果非常显著。同时，鸡又是害虫的天敌，不但能捕捉地面的昆虫，还能刨土啄食成虫、幼虫、蛹和卵块，起到生物防治害虫的作用。果园喷药期间，应将鸡群笼养几天，然后再放入果园。

如果将果园养殖与沼气设施配套，就能更好地供给果树高质量的有机肥，充分发挥其经济效益和生态效益（参考本章第三节"高效沼气生态果园模式"）。

4. 无公害果园有机肥施用量

施用有机肥应以肥足量饱为原则，并注意混施适量氮素肥料。根据这一原则，现将施肥量按单位面积总量列表于后，具体应用时可根据不同的栽植密度按每亩施肥总量平均分配于各单株（表 4 – 2）。

表 4 – 2 中施用有机肥的种类可根据当地实际情况选择其中一类。未列入表内的有机肥如堆肥、杂肥类，可参照厩肥施用量酌增。

5. 施肥时间及方法

有机肥应以施基肥方式于秋季果实采收后尽早施入。施肥方法可采用环沟法、条沟法或放射状沟施法。生草果园以放射状沟施法为宜。

（二）必要时巧追化肥

无公害果园若能按前述要求施用有机肥，就可以不施用化肥。如果未能做到年年施用有机肥或有机肥施用量不足时，还应在生长期追施化肥2~3次。值得注意的是，生长期追肥务必克服以往盲目地施用化肥或偏施氮肥的现象，必须依据果树生长发育对肥料需求的特点，及时而适量追肥，尤其要重视氮、磷、钾的合理搭配，做到按配方追肥。关于氮、磷、钾的配比问题，因各地土壤条件不同，差异很大。根据大量的研究成果，幼树氮、磷比一般应达2：1；结果期树氮、磷、钾比，黄土高原地区为1：1：1；渤海湾地区及黄河故道地区为2：1：2。现以黄土高原地区为例，提出生长期追肥的时期及单位面积上的适宜追肥量。

表4-2　无公害果园有机肥施用量

树龄（年）	有机肥		速效氮纯氮亩施用量（千克）
	种类	亩施肥量（千克）	
幼树期（1~3）	厩肥、绿肥、秸秆类	1 500~3 000	5.0~10.0
	粪尿类	1 000~1 500	
	饼肥	150~200	
初果期（4~5）	厩肥、绿肥、秸秆类	3 000~4 500	10.0~12.5
	粪尿类	1 500~2 500	
	饼肥	250~350	
盛果期（6年以上）	厩肥、绿肥、秸秆	4 500~7 500	12.5~25.0
	粪尿类	3 000~4 500	
	饼肥	450~600	

值得注意的是，萌芽前追肥以氮为主，花芽分化期以磷为主，果实膨大期以钾为主。同类肥除表4-3中所列之外，还可选用其他种类，但其用量应根据各自的有效成分参考表中用量酌情增减，使其达到表中的施肥量标准。

第三节　灌溉与节水技术

一、灌水时期与灌水量

（一）灌水时期的确定

苹果树的具体灌溉时期，是由两个因素决定的。一是苹果生长发育中需水的关键时期；二是天气干旱、土壤含水量较低，不利于苹果生长发育的时期。

苹果生长发育中的需水时期：萌芽开花期，新梢旺长期（需水临界期），果实膨大期，采果后的秋季生长时期。

土壤相对含水量保持在60%~80%，有益于果树根系对水分及营养的吸收。若含水量低于60%，特别是恰逢果树生长发育关键需水期，就应该及时灌水。土壤相对含水量低于40%时，为轻度干旱，低于20%则为严重干旱。在苹果树栽培过程中，要避免干旱现象的发生。

（二）灌水量

应根据土壤水分状况，土壤性质，同时也要根据果树大小、栽植密度以及生育期需水特点，综合确定灌水量。其计算公式为：

$$灌水量（吨）= 灌水面积 × 土壤浸湿深度（米）× 土壤$$
$$容重 ×［要求达到土壤含水量（\%）-$$
$$原土壤含水量（\%）］$$

二、节水灌溉方式

漫灌成年果园。每亩需水30~60吨。采用节水灌溉技术，可节省用水1/2~2/3。漫灌节水的灌溉方式，有沟灌、滴灌、移动灌溉和穴施水肥等。

（一）沟灌

如图4－4，沿树冠外侧开沟，并在株间连通。沟深20厘米，宽30厘米。沟中起出的土可加在沟边起垄。沟灌水流不宜太快，以保证水分的渗入时间。

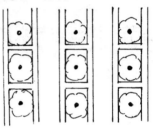

图4－4　沟灌

（二）滴灌

利用管道将加压的水通过滴头，一滴滴地均匀缓慢地渗入果树根部附近的土壤，使根际土壤经常保持在适宜水分状况的一种先进节水技术。

目前，一些简易移动式滴灌系统，由水泵及配套塑料软管组成的滴灌装置已广泛应用。其具体的组成如图4－5所示。

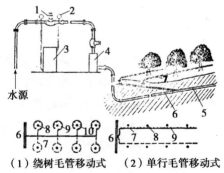

水源

（1）绕树毛管移动式　　（2）单行毛管移动式

图4－5　滴灌系统示意图

（三）移动式灌溉系统

固定式喷灌设备因投资多而应用较少。移动式喷灌在坡地等不平整土地果园上使用，具有省水、省工等优点。在密植平地果园，现在发展的一种软管移动式微喷系统，很有推广前景。移动式喷灌系统，一般由水源、水泵、干管、支管、竖管和喷头组成（图4-6）。

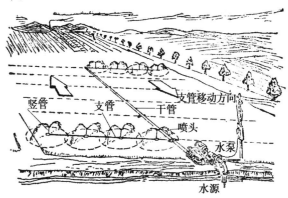

图4-6　喷灌系统示意图

第五章 果实套袋与增色技术

第一节 果实套袋技术

果实套袋技术，是利用特制口袋保护果实的果实管理技术。实施时，在幼果期将果实套入特制的纸袋或塑膜袋内，可对果实进行较长时间的保护。使其在生长发育过程中的大部分时间，免受阳光的直接照射和空气中尘埃与农药等物的污染，阻挡害虫、病菌的侵入，从而减少病虫的为害，减轻农药残留量，提高果实外观质量与内在品质（图5-1）。

果实在袋中发育，受到较好的保护。果实快成熟时，去掉果袋，可使果面在短期内迅速着色，并保持洁净细腻。因果实在生长期被保护，减少了喷药次数，所以大大提高了优质果率和经济效益（图5-2）。

图5-1 苹果套袋状

图5-2 套袋红富士

所用果袋的质量高低，是决定套袋成功与否的关键，也是决定果实套袋经济效益的一个重要因素。实行果实套袋，要选择标准合格、质量上乘的果袋。

一、苹果专用果袋的构造

苹果专用果袋，是由袋口、袋切口、捆扎丝、袋体、袋底、除袋切线和通气放水孔等部分组成，如图 5－3 所示。套果时，由袋口把果实套入袋内，袋切口可使袋易于撑开，也可以把果柄固定在此处，以保证果实处于袋中央，防止果实与袋壁接触而引起烧伤、水锈或被椿象为害；袋口一端的捆扎丝（4 厘米长的细铁丝）是用于捆扎袋口的；除袋切线是摘除果袋时沿此线撕开果袋用的；通气放水孔可使袋内空气相对流通和排出灌进袋内的雨水（套袋操作不严格或降水过多时会出现这种情况）。

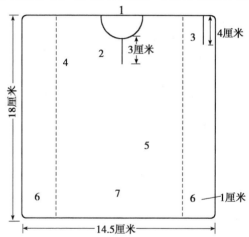

1. 袋口；2. 袋切口；3. 捆扎丝；4. 除袋切线；
5. 袋体；6. 通气放水孔；7. 袋底

图 5－3　苹果专用果袋示意图

制作苹果专用袋的纸张，首先应具有强度大、风吹雨淋不变形和不破碎的特点。其次应具有较强的透隙度，避免袋内湿度过大、温度过高。另外，果实外袋的外表颜色应浅，这样可以反射掉较多的光线，避免果袋温度过高，或升温过快。同时，应用防水胶作处理。果袋用纸的透光率和透光光谱是果袋质量的重要指标。应根据不同的果树品种、不同的地区和不同的套袋目的，选用不同的纸张及适宜的纸袋种类，使果袋具有适宜的透光率和透光光谱范围。还应对果袋喷布杀虫杀菌剂，使之套上果实后在一定的温度下，其内产生短期雾化作用，阻止害虫入袋或杀死袋内的病菌和害虫。

二、果袋的种类选择和套袋、去袋时期

图 5 - 4 套塑膜袋

果袋的种类很多。按袋体的层数分，有单层袋、双层袋和三层袋；按照果袋的大小分，有大袋和小袋；按捆扎丝的位置分，有横丝袋和纵丝袋；按照涂布药剂的种类分，有防虫袋、杀菌袋和防虫杀菌袋；按照袋口形状分，有平口袋、凹形口袋和"V"字形口袋等；按照袋体原料分，有纸袋和塑膜袋（图 5 - 4）。双层纸袋一般比单层纸袋遮光性强，但成本也较高，一般为单层纸袋的两倍左右。三层袋对果实的着色及光洁度等效果更佳，但成本更高。塑膜袋价格低廉，一般用于综合管理水平低及非优生区的地方。

果袋袋型的选择和套袋、去袋的时期见表 5 - 1。

表 5 - 1   苹果袋型的选择与套袋、去袋时期

苹果种类	品种	套袋目的	推荐袋型	套袋时期	去袋时期
黄绿色品种	金冠、金矮生、王林	预防果锈	石蜡单层袋原色单层袋	落花后10天	采前5～7天
易着色的红色中熟、中晚熟品种	新红星、新乔纳金、红津轻	果实全红	遮光单层纸袋	5月底至6月初	采前10～15天
难着色的红色品种	富士系	着色面大、均匀、鲜艳	双层遮光袋	落花后40～50天	采前20～30天

在选用袋型时，还应考虑当地的气候条件。例如，较难着色的红富士，在海拔高、温差大与光照强的地区，采用单层遮光袋也能促进果实着色；而在海洋性气候或内陆温差较小的地区，必须采用双层纸袋才能促进着色。在高温多雨的地区，适宜选用通气性能良好的果袋；在高温少雨的地区，则宜采用反光性强的纸袋，而不宜用涂蜡袋。

三、套袋前对果树喷药

套袋前对果树喷药，是套袋成败的又一关键环节。除进行果园的全年正常病虫害防治外，在谢花后 7～10 天，应喷药一次，一般应以喷保护性杀菌剂的代森锰锌等为主。盛花期禁喷高毒农药。套袋前 2～3 天，必须对全园喷一次杀虫杀菌剂，以保证不将病菌害虫套在袋内。喷药时，喷头应距果面 50 厘米远，不能过近，以免因药液冲击力过大而形成果锈。喷出的药液要细而均匀，喷洒周到（图 5–5）。

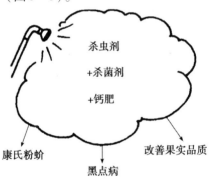

图 5–5　套袋前普遍喷一次药剂

四、套袋时间

套袋的适宜时期确定之后，还应掌握一天中套袋的具体适宜时间。一般情况下，自早晨露水干后到傍晚都可进行。但在天气晴朗、温度较高和太阳光较强的情况下，以上午 8 时 30 分至 11 时 30 分和下午 2 时 30 分至 5 时 30 分为宜（图 5–6）。这样可以提高袋内温度，促进幼果发育，并能有效地防止日烧。需要强调的是，早晨露水未干时不能套袋，否则，果实萼端容易出现斑点。因为露水通常具有一定的酸性，会增加果面上药液的溶解度，导致果皮中毒产生坏死斑点。同理，喷药后药液未干也不能套袋，下雨时更不能套袋。生产中必须规范操作，否则会酿成不良的后果。

图 5 - 6　天晴时不适宜套袋的时间

五、套袋方法

套袋时，先小心地除去附在幼果上的花瓣及其他杂物，然后左手托住纸袋，右手撑开袋口，或用嘴吹开袋口，使袋体膨胀，袋底两角的通气放水孔张开。手执袋口下 2～3 厘米处，使袋口向上或向下，将果实套入袋内。套入后使果柄置于袋口中央纵向切口基部，然后将袋口两侧按折扇方式折叠于切口处，将捆扎丝反转 90°，扎紧袋口于折叠处，使幼果处于袋体中央，并在袋内悬空，不紧贴果袋，防止纸袋摩擦果面，避免果皮烧伤和椿象叮害等。切记不要将捆扎丝缠在果柄上。同时，应尽量使袋底朝上，袋口朝下。

套袋时应注意以下几点。

一是套袋时用力方向要始终向上，以免拉掉果子。用力宜轻，尽量不触碰幼果，袋口不要扎成喇叭口形状，以防雨水灌入袋内。袋口要扎紧，防止害虫爬入袋内或纸袋被风吹掉。

二是在同一株树上，套袋要按照先上部后下部，先内膛后外围的顺序，逐一进行。套袋时切勿将叶片或枝梢套入袋内。

三是为了降低果园管理成本，减少喷药次数，可在果园实施全套袋技术，即全园全套。全园全套的步骤是：先选择部位较好、果形端正（图 5-7）、果肩较平的下垂果，以及壮枝上的优质果，套双层纸袋，以生产优质全红的高档果。对剩下的内膛果，可选套塑膜袋和单层纸袋，以防止病虫为害及降低农药残留。对数量不足的树体外围果及树冠西侧的果实，可选套单层遮光纸袋，以减轻或防止果实日烧。这样，既可以减少用药次数，降低生产成本，又能较好地保护果实，获得较多的商品果，提高经济效益。这种方法应在生产中大力推广。

图 5-7　一些苹果品种的标准果型

四是雨后要及时检查。近年来，套袋果黑点病多有发生，特别在夏季多雨年份发生更多。所以，雨后应及时开袋检查。对纸袋两角排水孔小、不易开启的，可用剪刀适当剪一下；对袋内存有积水的塑膜袋，要撑大下部的排水口排出积水。塑膜袋封口不严时，可用细漆包线再绑一下。对雨后已经破碎的劣质塑膜袋，要及时换掉。

第二节 果实增色技术

将套袋果去袋后，应及时摘除靠近果实的遮光叶片，并转动果实，促进着色。并结合秋剪，铺设反光膜。这也是促进套袋果实全面着色的有效方法。

一、秋剪

秋剪，不仅能增加光照，而且能提高果实的品质。树体要有一个良好的受光环境，就必须进行合理的整形修剪。而仅靠冬季一次修剪，是远远不能满足果实正常生长所需光量的。树冠内的相对光照量以控制在 20% ~ 30% 为宜。为了达到这个目标，就必须剪除树冠内的徒长枝、剪口枝和遮光强旺枝，疏除外围竞争枝，以及骨干枝上的直立旺枝。这样，就能大大改善树冠内的光照条件。树冠下部的裙枝和长结果枝，在果实重力作用下容易压弯下垂。可以对它们采取立支柱顶枝（图 5 - 8）或吊枝（图 5 - 9）等措施，解决其受光不足的问题。

图 5 - 8 顶枝

二、摘叶

摘叶，是指用剪子将影响果实受光的叶片剪除，仅留叶柄。

适当摘叶，对红富士苹果的可溶性固形物含量并无多大影响，但可明显提高果实的着色状况。

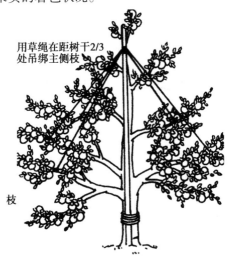

图5-9　吊枝

摘叶应在去袋后3~5天开始进行，在7天左右内完成。对于不同品种来说，可根据其生物学特性确定摘叶时间的早晚。嘎拉、津轻和千秋等中熟品种，因果实发育期较短，可在采前15天左右摘叶；新红星、首红和艳红等元帅系短枝型品种，由于着色容易，遮果叶多，摘叶量大，为减少摘叶后对后期光合作用的影响，摘叶的时期可稍晚一些，以采前10~15天摘叶为宜。对红富士等晚熟品种，则宜在采收前20~30天摘叶。

摘叶时，要先摘除贴果叶片和上部、外围距果实5厘米范围以内的遮阴叶片（图5-10），包括发黄的、体薄的和下部的老叶，以及面窄的小叶。3~5天后再摘其他遮光叶片，包括树冠内膛与下部的、果实周围10~20厘米以内的全部叶片，以及叶柄发红叶和处于生长中的秋梢叶。

摘叶时应注意：第一，要依据当地的气候特点、光照条件和

图 5 - 10　摘叶

树体长势和综合管理水平，适时适量地进行摘叶，不得过早；否则，会降低果实产量，影响来年花芽质量和产量。第二，摘叶前必须进行秋剪。应先疏除遮光强的背上直立枝、内膛徒长枝、外围竞争枝和多头枝。第三，为了有效地增进着色，摘叶时应多摘枝条下部的衰老叶片，少摘中上部的高效功能叶片；多摘果台基部叶片，适当摘除果实附近新梢基部到中部的叶片。第四，摘叶时切记保留叶柄。

三、转果

转果的目的是让果实阴面获得直射的阳光，使果面全部着色。

1. 转果的时期

在去袋后 4 ~ 8 天内开始转果。据观察，去袋后的 8 天内（指 8 个晴天，阴雨天要扣除），是果实阳面的集中着色期。其中去袋后 4 天，果实阳面几乎可全部上色，这时就可开始转果。转果后 15 ~ 20 天内，原来不着色的阴面，朝阳后也能全面着色，从而使整个果面变得浓红漂亮。如果去袋后 8 天再开始转果，虽然阳面着色浓红，但阴面转向阳面后长时间也不着色，采收时阴阳面色度反差较大，果面总体色差。

2. 转果的方法

用手托住果实，轻轻地朝一个方向转动 90° ~ 180°，将原来的阴面转向阳面，使之受光即可（图 5 - 11）。当果实背光的一侧有邻接的枝条时，果实被转后可用窄而透明的胶带固定在邻接枝条上，以防果实回转。对于下垂果，因为没有可供转果固定的地方，故可用透明胶带将转果连接在附近合适的枝条上。

3. 转果的注意事项

①转果应顺着同一方向进行，并尽量在阴天、多云天气和晴天的早晨与下午进行。切勿在晴天中午高温时转果，以防阴面突然受到阳光直射而发生日灼。

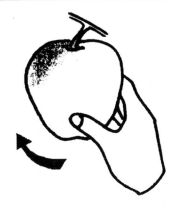

图 5 - 11　转果

②转果时切勿用力过猛，以免扭伤果柄，造成损失。

③对于果柄短的新红星等元帅系短枝型品种，可分两次转果：第一次转动 90°，7 ~ 10 天后再朝同一方向转动 90°。

④在高海拔、昼夜温差大的地区，对红富士和乔纳金等品种转果时，也可采用两次转果的方法，避免日灼。

实践证明，采取摘叶转果的方法，可大大提高苹果的着色状况，改善苹果的品质。

四、铺反光膜

套袋栽培的苹果树下铺设反光膜，可提高全红果率。树冠下部和内膛往往接受不到太阳光的直接照射，处于低光照区，这些部位的果实一般着色差，含糖量低。这在密植栽培的果园尤为突出。套袋果的萼洼也难以着色。如果在树下铺设反光膜，就能明显提高树冠下部的光照强度。

铺设反光膜的时期，在果实着色期。一般晚熟苹果为 9 月上中旬到采收前，而套袋苹果在去袋后则应立即进行。

铺设反光膜的位置，为树冠下的地面。要将树冠整个投影面积铺严，反光膜的边缘要和树冠的外缘对齐。在宽行窄株的密植果园，可于树两侧各铺一条长反光膜（图 5 - 12）。在稀植果园可于树盘内和树冠投影的外缘，铺设大块的反光膜。如果用GS-2型果树专用反光膜，每行树下排放 3 幅，每幅宽 1 米，树行两边各铺 1 幅，株间的 1 幅裁开铺放。铺好后用装土、沙、石块或砖块的塑料袋，多点压实，防止被风卷起和刺破。每亩用膜350~400 平方米。

图 5 – 12　铺反光膜

铺反光膜的果园必须通风透光。若地面光照不足，将会大大影响反光效果。因此，铺设反光膜的果园，首先应是综合管理水平高的果园，树形规范，枝量适中，一般每亩的枝量控制在8 万 ~10 万条。对于密植郁闭型果园，在铺膜前要很好地进行秋剪，并疏除和回缩拖地裙枝。

采果前要及时收膜。将反光膜小心地揭起，并用清水冲洗干净，晾干后卷叠整齐，贮放在室内无腐蚀性的环境条件下，以备待用。

第六章　苹果树的病虫害防治技术

第一节　果树病虫害的基本知识

一、果树病害的基本知识

（一）果树病害的定义

果树生病后，在生理上和形态上会表现出与正常植株不同的症状。如叶片发黄、产生斑点、植株矮化、产量降低、品质变劣甚至植株死亡等，依靠人的视觉、嗅觉等感觉器官就可以识别出来。果树的这种异常表现就称为果树病害。

果树病害与一般的机械创伤是不同的。例如，冻害、雹害、风害、机械造成的损伤以及大多数昆虫和其他动物的咬伤、刺伤等，都是果树在短时间内受外界因素作用而造成的，没有病理变化过程，因此这些损伤都不能当作果树病害。果树病害是由于遭受其他生物的侵染或不利的非生物的外界环境因素的影响而造成果树组织形态的改变（即病变），这些病变有一个由轻到重、由浅到深的渐变过程，不是突然形成的。

（二）病状和病征

果树生病后，其体内外所表现出来的人们可觉察到的一切不正常状态称为症状。症状是人们诊断果树病害的重要依据之一。果树病害的症状是其内部发生病变的结果。其中果树本身的不正常表现称为病状。由真菌、细菌和寄生性种子植物引起的病害，还可以在病部看见一些病原物的结构（营养体和繁殖体），这些结构称为病征。病毒、类病毒、植原体、螺原体和一些难培养的细菌引起的病害只有病状没有病征；寄生性线虫引起的病害，一般也无病征；而非传染性病害是由于不利的非生物因素引起的，所以也无病征。

1. 病状类型

果树病害的病状可以表现在果树的各个器官和组织上，例如，枝干、枝条、根、叶、花和果等。其表现形式也是多种多样的，归纳起来可以分为五大类。

（1）变色 发病果树颜色发生不正常改变而细胞不坏死的现象。主要发生在叶部。变色又可分为均匀变色和不均匀变色。均匀变色：叶绿素均匀减少，叶片变为淡绿色者称为"褪绿"；褪绿严重，叶片变黄者称为"黄化"；叶片变为白色者称为"白化"。色素积累，叶片变红者称为"红叶"或"红化"。不均匀变色：叶面上出现较大块的黄绿色相间者称为"花叶"；变色部分较碎，形成杂色叶片称为"斑驳"。果实颜色不均匀者称为"花脸"。

（2）坏死 发病部位细胞死亡，但组织不解体的现象。主要表现在以下几点。

①斑点：依其形状可有圆斑、角斑、条斑、褐斑、黄斑和锈斑等；叶部病斑组织脱落，形成"穿孔"，也属此类。

②疮痂：叶、枝、果表面形成局限性凸起或增生，表面粗糙，但不破裂。

③溃疡：皮层坏死，形成较大的凹陷和开裂的病斑。

④猝倒：幼嫩苗木茎基部组织坏死软化，苗木倒伏死亡。

⑤立枯：幼苗皮层坏死，木质部仍有支持能力，幼苗不倒伏而枯死。

⑥叶枯：叶片上产生面积较大、边缘不清楚的坏死斑块。

⑦枝枯：从顶端开始逐渐向下发展的枝条枯死。

（3）腐烂 是发病部位细胞死亡而且组织解体的现象。多肉和幼嫩的组织生病后容易发生腐烂。因发生部位不同，可分为根腐、叶腐、花腐、果腐、枝腐和干腐等；腐烂组织呈烂泥状的称为"软腐";腐烂组织较干燥的称"干腐";腐烂组织较湿的称"湿腐";病组织解体,变成胶质物而外溢的称为"流胶"。

(4)萎蔫 植株体内的输导组织受害,导致水分不能正常运输,造成细胞缺水,在外表就表现萎垂病状。

(5)畸形 病害使细胞生长过度或不足,造成植株或植株某些器官的外部形态不正常变化,统称为畸形。例如,徒长、矮化、丛枝、肿瘤、卷叶、小叶和缩果等。

2. 病征类型

病征即真菌、细菌和寄生性种子植物等病原物,在病果树上的表现也是多种多样的,主要有以下几种。

(1)霉状物 由真菌的菌丝及分生孢子形成,多呈绒毛状。霉状物有多种颜色,而且形态也不相同,常见者有绵霉、烟霉、粉霉、丛霉和霜霉等。如柑橘的青霉病和绿霉病等。

(2)粉状物 病原物呈粉状结构,常见的有白粉、红粉、锈粉等。如柑橘的白粉病和葡萄的白粉病等。

(3)锈状物 叶上出现的疱状凸起,呈铁锈色或黑色,是多种锈病的特有病征。如梨锈病等。

(4)点状物从病部表皮下面生出来的小点状结构,突破或不突破表皮,多为黑色,也有红色或黄色。如柑橘的炭疽病和梨轮纹病等。

(5)颗粒状物 附着在病斑表面的球形或近球形颗粒,多为黑色,少数为其他杂色。如果树白绢病等。

(6)丝状物 多从点状物上溢出,呈卷曲的细线状。如果树紫纹羽病等。

(7)黏液状物 从病斑内溢出,被称为"溢脓"或"菌脓",是细菌病害的特有病征。如桃细菌性穿孔病等。有些从点状物上溢出,呈黏液状,有灰白、粉红等颜色。如柑橘炭疽病等。

（三）病害发生的三要素

果树病害是果树与病原在外界环境条件影响下相互斗争并导致果树生病的过程。因此，病原、感病果树和适宜的外界环境条件，简称果树生病的三要素。

1. 病原

即病害发生的原因，可以分为两大类。一类为生物病原，包括细菌、真菌、病毒、类病毒、植原体、螺原体、难培养细菌、线虫和寄生性种子植物等。受到这类生物病原的侵染而引起的病害，可以通过一定的途径从病株传播到健株，是具有传染性的，称之为传染病（通常称为传染性或侵染性病害）。例如，柑橘的溃疡病是一种细菌引起的传染病，可通过雨水、昆虫及人、畜的接触，由病柑橘植株传到健康植株上。另一类为非生物病原，包括营养物质、温度、光照、有毒物质的污染和农药中毒等。这类病原引起的病害不会传染，称之为非传染病，通常称作非侵染性或非传染性病害。例如，果树的缺素病、日灼病等。

2. 感病果树

果树生病除了必须有病原外，还必须有感病果树存在。也就是说，果树本身在生病的过程中同样起着重要作用。生病与否常取决于果树抗病能力的强弱，如果果树本身抗病性强，即使有病原存在，也可以不发病或发病很轻。因此，栽培抗病品种和提高果树的抗病性，是防治果树病害的主要途径之一。

3. 环境条件

果树病害发生的环境条件，包括气候、土壤、栽培等非生物条件以及人、昆虫、其他动物和果树周围的微生物区系等生物条件。

对于果树感病而言，环境条件一方面可以直接影响病原物，促进或抑制生长发育，另一方面也可以影响果树的生活状态，左右其感病性或抗病能力。因此，只有当环境条件有利于病原物而不利于果树时，病害才能发生和发展；反之，当环境条件有利于果树而不利于病原物时，病害就受到抑制或者不发生。

果树非传染性的病害是由于某种条件不适宜，超出果树的适应能力，引起果树病理变化而成为一种病原。当一种环境因素成为某种非传染病的病原时，其他环境因素就是该病的环境条件。例如，果树日灼病的病因是光照过强，干旱和高温这两种环境条件可增加日灼病的发生。因此，果树非传染病，也是通过对果树的感病性和病原的作用来影响其发生和发展的。

二、果树害虫的基本知识

（一）昆虫的外部形态

昆虫是左右对称的动物，体躯和其他节肢动物一样，由一系列连续的体节组成。这一些体节集合成 3 个体段，称为头部、胸部及腹部。

1. 昆虫的头部

（1）基本构造　头壳坚硬，上面生有口器、触角和眼，是昆虫取食和感觉中心。

头壳表面还有许多的沟、缝等，把头壳划分成若干区。这些沟、区在各类昆虫中变化很大，一般可以分成前面的额、两侧的颊、上面的头顶和后面的后头等。

（2）眼　昆虫的眼分为复眼和单眼。

①复眼：一般昆虫有一对复眼，着生于颊的上方，由许多小眼组成，其数目在各类昆虫中变化很大。复眼具有感受光的强弱和辨别近体物像的能力。

②单眼：昆虫的单眼分背单眼和侧单眼两类。背单眼为成虫和不完全变态类的幼虫所具有，一般与复眼并存，着生在额区的上方，在两复眼之间。一般 3 个，排成三角形，有的 2 个，有的则没有。侧单眼为完全变态类的幼虫所具有，着生于头部的两侧，但无复眼。单眼只能感受光的强弱，不能辨别物像。

（3）触角　触角是昆虫的感觉器官，主要是嗅觉，有的还具有触觉和听觉的能力，主要作用是寻找食物和配偶。触角一般着生在额基部的一个膜质的触角窝内，由柄节、梗节及鞭节（又分许多亚节）3 部分组成。

触角的类型很多，主要有以下几种：丝状、刚毛状、念球状、杆状、羽毛状、锤状、栉齿状、环毛状、具芒状、鳃片状和膝状等。

（4）口器 口器是昆虫的取食器官。由上唇、上颚、下颚、下唇和舌 5 个部分组成。昆虫的口器有下面几种类型。

①咀嚼式口器：这类口器为取食固体食物的昆虫所具有，如蝗虫、甲虫等。具有咀嚼式口器的昆虫有直翅目、鞘翅目、脉翅目的成虫、膜翅目的大部分成虫和叶蜂类幼虫，以及鳞翅目的幼虫等。此类害虫为害植物后造成植物组织的残缺，并将植物组织切碎嚼烂后吞入，因此可以用胃毒剂来毒杀。如将药剂喷布在植物上或制成毒饵，使药剂和食物一起被吞入而杀死害虫。

②刺吸式口器：这类口器为取食动植物体内液体食物的昆虫所具有，如蚜虫、叶蝉、木虱、粉虱和蚊。这类口器的特点是具有刺进寄主体内的针状构造和吸食汁液的管道构造。

具有刺吸式口器的昆虫主要有半翅目、同翅目、缨翅目和双翅目的一部分成虫（蚊类）。为害植物后一般不造成破损，只在为害部分形成斑点，随着植物的生长而引起各种畸形，如卷叶、虫瘿、瘤等。此外，刺吸式口器害虫往往是植物病毒类病害的主要传播者，这种为害性有时更大。如柑橘木虱是传播柑橘黄龙病的媒介昆虫，是造成柑橘黄龙病扩散、蔓延的最重要原因。

由于刺吸式口器的害虫是将植物的汁液吸入消化道，因此，可以应用内吸性杀虫剂防治这类害虫。

③虹吸式口器：这类口器为鳞翅目成虫（蝶类和蛾类）所特有。它的主要特点是具有一根能卷曲和伸直的喙，食道在其中。

④舐吸式口器：这类口器为双翅目（蝇类成虫）所特有。

⑤锉吸式口器：这类口器为蓟马类昆虫所特有。

2. 昆虫的胸部

是昆虫身体的第二体段，它由颈膜和头部连接。由 3 个体节组成，依次为前胸、中胸和后胸。每个胸节有一对胸足，依次称为前足、中足和后足。在大多数种类中，中胸和后胸各有 1 对翅，分别称前翅和后翅。所以昆虫胸部是昆虫的运动中心。

（1）胸足　生在胸部侧下方，分为基节、转节、腿节（或股节）、胫节、跗节，在跗节末端通常还有 1 对爪。

由于各类昆虫的生活方式不同，胸足可发生特化，形成不同功能的类型。主要类型有步行足、跳跃足、捕捉足、开掘足、携花足、游泳足、抱握足、攀援足和净角足等。

（2）翅　昆虫一般有 2 对翅。有些种类只有 1 对翅，后翅特化成平衡棒（如双翅目成虫和雄蚧等），有些种类翅退化或完全无翅。

①质地：一般是膜质，但不同类型变化很大。蝗虫的前翅是革质的，称为革翅。金龟子前翅是角质的，很坚硬，称为鞘翅。盲蝽等的前翅基半部是革质，端半部是膜质的，称为半翅。有的膜质被有很多鳞片，称为鳞翅。

②形状：一般是三角形，有三个边，有三个角。前面的边称为前缘，后面的边称为内缘，连接两者的边即外面的边称为外缘。前缘与胸部间的角称为肩角。前缘与外缘间的角称为顶角。外缘与内缘间的角称为臀角。

③构造：翅上有许多起着骨架支撑作用的翅脉。这些翅脉的排列方式在各类昆虫变化很大，但仍有一定规律和次序。翅脉又分为纵脉和横脉两类。翅脉的排列次序称为脉序，各类昆虫中脉序变化很大。

3. 昆虫的腹部

昆虫的腹部是昆虫身体的第三个体段，前端与胸部紧密相接，后端有肛门和外生殖器等。腹部内包有大部分内脏和生殖器官，所以腹部是内脏活动和生殖中心。腹部一般由 9 ~ 11 节组成。除末端几节外，一般无附肢，只有背板和腹板，两侧为膜质，结构比较简单。腹部节间膜发达，腹节可以互相套叠。因此腹部可以伸缩弯曲，以利于进行交配和产卵等。

（1）尾须　这是 1 对须状的构造，是末节附肢，有感觉的功能。

（2）外生殖器　雄性为交配器，一般由一个管状的阳具和一对钳状的抱握器所组成。雌性为产卵器，由 2~3 对瓣状的构造所组成。在鉴定种类时经常用到。

（二）昆虫的生物学特性

1. 繁殖

绝大部分昆虫需经过雌、雄两性的交配，卵受精后，才能发育成新的个体。这种生殖方式称两性卵生生殖（或简称两性生殖）。但有些种类，卵不经过受精就能发育成新的个体，这种生殖方式称孤雌生殖（或单性生殖）。在昆虫中还有由一个卵发育成两个以上甚至上千上万个个体的生殖方式，称为卵胎生，或简称为胎生。孤雌生殖对于昆虫的广泛分布有着重要作用，因为即使只有一个雌虫被偶然带到新的地方，如果环境条件适宜，就可能在这个地区繁殖起来。

2. 发育

（1）胚胎发育　根据胚胎发育中体节和附肢的发生次序，可以将胚胎发育分为原足期、多足期和寡足期 3 个连续的阶段。胚胎发育完成后，幼虫从卵破壳而出的过程称为孵化。卵从母体产下到孵化为止，称为卵期。

（2）昆虫的变态　昆虫从卵孵出后，在生长发育过程中要经过一系列外部形态和内部器官的变化，才能转变为成虫，这种现象称为变态。

①不完全变态：具有 3 个虫态，即卵—幼虫（若虫或稚虫）—成虫，属于这类变态主要有直翅目、半翅目、同翅目的昆虫。

②完全变态：具有 4 个虫态，即卵—幼虫—蛹—成虫。属于这类的昆虫占大多数，主要有鞘翅目、鳞翅目、膜翅目和双翅目的昆虫。

（3）幼虫 幼虫需要取食、生长和蜕皮，才能转化为成虫或蛹。从卵中孵化出来的幼虫称一龄，经过第一次蜕皮后的幼虫称二龄，其余类推。两次蜕皮之间的时期称龄期。

（4）蛹 全变态类昆虫的幼虫转变为成虫必须经过一个静止期，即蛹期；由幼虫转变为蛹的过程称为化蛹。末龄幼虫在化蛹前，先停止取食，寻找化蛹场所，缩短身体，停止活动，进入预蛹期或前蛹期，即末龄幼虫在化蛹前的静止时期，此后才蜕皮化蛹。

蛹基本可以分为离蛹（金龟子等）、被蛹（鳞翅目的蛹）和围蛹（双翅目的蝇类和一些蚜类等）3 种类型。

（5）成虫

①羽化：昆虫由若虫、稚虫（不完全变态类）或蛹（全变态类）蜕皮变为成虫的过程，称为羽化。

②交配及产卵：一般成虫性成熟后，立即交配、产卵。由羽化到第一次产卵的间隔时期称为产卵前期。

③产卵次数：往往交配次数多的产卵的次数也多。从第一次产卵到产卵终止的时期称为产卵期。对许多害虫的防治往往是在其产卵高峰期刚过后进行，这样效果才大。

④多型现象：指同一种昆虫具有两种以上不同类型的个体。不仅雌雄间有差异，而且包括同性的不同型。如社会性昆虫中（蜜蜂、白蚁、蚂蚁）多型现象更为复杂。

3. 世代和生活年史

昆虫从卵到成虫性成熟的个体发育史称为一个世代（或简称为"代"）。一种昆虫在一年内发生的世代数，称为生活年史（或简称为"生活史"）。

昆虫生活史的计算法，是从卵开始计算的。如越冬后出现的虫态叫做越冬代某虫态，其发育到成虫（称为越冬代成虫）所产的卵，才称为第一代卵，由第一代卵发育的成虫称第一代成虫，由第一代成虫产的卵称第二代卵……依此类推。

（1）休眠　昆虫为了安全度过不良环境条件而处于不食不动、停止生长发育的一种状态，不良环境条件一旦解除，昆虫可以立即恢复正常的生长发育，这种现象称为休眠。因冬季低温处于休眠状态，这种现象称为越冬；夏季高温引起昆虫休眠，称为越夏。

（2）滞育　某些昆虫在不良环境还未到来以前就进入了停育状态，纵然给予最适宜的环境条件也不能解除，必须经过一定的环境条件（主要是一定时期的低温）的刺激，才能打破停育状态，这种现象称为滞育。从滞育开始到终止的期间称为滞育期。引起滞育的环境条件是光周期（指24小时内的光照时数），而不是温度。它反映了种的遗传特性。

4. 昆虫的习性

（1）趋性　是昆虫接受外界环境刺激的一种反应。趋向刺激称为正趋性，避开刺激称为负趋性。

①趋光性：昆虫对光源的刺激，很多表现为正趋性，即有趋光性，是通过昆虫视觉器官而产生的反应。所以可以用灯光诱集昆虫。

②趋化性：昆虫对化学物质的刺激所产生的反应，有趋避反应，是通过昆虫的嗅觉器官（触角等）而产生的反应。

③趋温性：昆虫是变温动物，本身不能保持和调节体温，必须主动趋向环境中的适宜温度。

（2）食性　按照昆虫食物性质可将昆虫食性分为如下两类。

①植食性：昆虫以活的植物体为食。昆虫中约有48.2%是属于此类，其中很多是重要的农业害虫。

②肉食性：昆虫以活的动物体为食。昆虫中约有30.4%属于此类，其中又可分为捕食性昆虫（捕捉其他动物为食，约占

昆虫种类28%）和寄生性昆虫（寄生于其他动物体内或体外，约占昆虫种类的2.4%）。肉食性昆虫中有不少是害虫的天敌。

（3）群集性与迁飞性

①暂时性群集：群集的个体间并不营群体生活，个体间并无神经活动的联系，经过一定时期，这种群集就会消失，这种现象称为暂时性群集。这是因个体大量繁殖造成数量的激增。如柑橘木虱1～3龄的若虫只停在嫩梢、嫩叶上为害。

②永久性群集：昆虫个体群集后就不再分离，整个或几乎整个生命期都营群居生活，并常在体型、体色上发生变化，这种现象称为永久性群集，如飞蝗。

③转移与迁飞现象：不论是暂时性或永久性群集，因虫口数量很大，食物不足，而转移或迁飞为害。

④假死性：是昆虫用以逃生的一种习性。当虫体受到机械等刺激后，引起足、翅、触角或整个身体的突然收缩，由停留的地方掉下来，状似死亡，这种现象称为假死性。

三、果树常见害虫的天敌昆虫

害虫的天敌包括病原微生物（病毒、细菌、真菌、原生物和立克次氏体）、线虫、蛛形纲、昆虫纲（捕食性及寄生性昆虫）和一些脊椎动物等。下面简介果树害虫的主要天敌昆虫种类。

（一）小蜂

膜翅目小蜂总科昆虫的总称，是一种重要的寄生性天敌昆虫，在害虫自然控制中起重要作用。

1. 大腿小蜂

小蜂中体型最大的种类。体长2～7毫米，黑色或黑褐色，带有白色、黄色或红色斑纹；头、胸点刻粗糙，胸部膨大，盾纵沟明显；后足腿节膨大。主要寄生鳞翅目蛹或双翅目围蛹，有些可寄生叶甲或蜂类。如寄生小黄卷蛾、舞毒蛾等。

2. 广肩小蜂

体长 1.5~6 毫米，黑色，少数具鲜黄斑纹或略具金属光泽；前胸背板宽阔呈方形或长方形，胸部背面点刻粗密，盾纵沟完整。食性杂，一般寄生双翅目、鳞翅目和鞘翅目昆虫。

3. 金小蜂

体长 1~3 毫米，多为金绿色，也有蓝色或虹彩色的；触角12 节，具 2~3 个环状节，盾纵沟常不完整。种类多，寄生广。我国各类害虫多有相应的金小蜂寄生。

4. 蚜小蜂

微小脆弱，体长不及 1 毫米，黄色至黑褐色，无金属光泽，触角最多 8 节；盾纵沟发达；前翅缘脉较长，痣脉短，后缘脉不发达；中足胫节较长但不粗大。它是果园蚜虫、蚧虫和粉虱的主要寄生蜂，多数种类能抑制寄主的种群数量。如黄盾蚜小蜂、岭南黄金蚜小蜂和丽蚜小蜂等，在防治果树害虫中作用良好。

5. 跳小蜂

较粗壮，体长一般 1~2 毫米，大的可达 4~5 毫米，其深黄、褐或黑金属光泽；触角最多 11 节；盾纵沟浅或缺；中足胫节距粗而长，善跳；前翅缘脉和后翅缘脉甚短。种类丰富，寄主范围甚广。寄生昆虫的卵、幼虫和蛹。如巨角跳小蜂和扁角跳小蜂防治果园蜡蚧效果良好。

6. 赤眼蜂

体长 0.5~1 毫米，最小仅有 0.17 毫米。触角短，柄节较长，与梗节呈肘状弯曲，鞭节在各属之间差异甚大，均不超过 7 节；前翅边缘有缘毛，翅面上有纤毛；体粗短，腹部与胸部相连处宽阔。赤眼蜂有 40 余种，均为卵寄生。成虫产卵于寄主卵内，幼虫取食卵黄，化蛹，成虫羽化后咬破寄主卵壳外出自由生活。应用价值很高。

7. 旋小蜂

似跳小蜂，体长 2~4 毫米，常具金属光泽；触角具 1 个环状节和 7 个索节；前胸背板不横宽而向前收窄；前翅缘脉甚长，这些特征可用来与跳小蜂区别。寄生各种昆虫体内。我国常见的主要种为平腹小蜂，如荔蝽卵平腹小蜂寄生荔枝蝽的卵。

（二）食虫瓢虫

是捕食类瓢虫的总称，或称肉食性瓢虫，鞘翅目瓢虫科，约占瓢虫科的 3/4。成虫和幼虫以捕食叶螨、蚜虫、蚧虫、粉虱、木虱、叶蝉以及其他小型昆虫为主。

1. 捕食吹绵蚧

澳洲瓢虫、大红瓢虫和小红瓢虫 3 种嗜食吹绵蚧。产卵于吹绵蚧背上、腹下或卵囊内，1～2 龄幼虫取食蚧虫体液和卵粒，末龄幼虫和成虫捕食吹绵蚧的各虫态。

①澳洲瓢虫：成虫体长 3～4 毫米，密被细毛，背面红色，前胸背板后缘和小盾片黑色，鞘翅前、后各有一黑斑，沿两鞘翅的合缝基部 1/3 处也有一黑斑。幼虫灰红色，背面有黑点 4 列。在我国南方一年可以自然繁殖 6～8 代。

②大红瓢虫：成虫体长 5～6 毫米，红色，背面密被细毛；幼虫灰黑色，体侧枝突较长。在我国南方 1 年发生 4～6 代。1932 年引移浙江黄岩柑橘区消灭吹绵蚧，1953 年移植湖北宜都，1954 年移入四川泸州，此后移植福建、湖南、贵州控制吹绵蚧，均获成功。

③小红瓢虫：成虫形态与大红瓢虫相似，但体较小，腹面有黑纹；幼虫体侧突较短。在广东、广西、福建和中国台湾等地区的柑橘园捕食吹绵蚧。

2. 食粉蚧

主要是孟氏隐唇瓢虫。于 1955 年从前苏联引入我国广州，散放于广东、福建防治柑橘等经济作物上的粉蚧取得成功。广东已经发现有定居的自然种群。成虫体长 4.3～4.6 毫米，长卵形，体背被灰白细毛。头部黄色，前胸背板红黄色，小盾片黑色，鞘翅黑色，但末端红黄色；幼虫被蜡条，生活在粉蚧群体间，是典型的拟态。嗜食粉蚧，兼食吹绵蚧和蜡蚧，尤嗜蚧卵，一头四龄幼虫一昼夜可食 4 000~7 000 粒粉蚧卵，或 200~300 头幼蚧，或 40~60 头成蚧。

其他小毛瓢虫：南方常见捕食粉蚧的小毛瓢虫，还有黑方突毛瓢虫、圆斑弯叶瓢虫和台湾小毛瓢虫等。

3. 捕食叶螨（红蜘蛛）

食螨瓢虫属于小毛瓢虫亚科、食螨瓢虫属，是果树和大田作物红蜘蛛有效的捕食者之一。分布我国南方常见的有 3 种。

①广东食螨瓢虫：体长 1.37~1.46 毫米，唇甚至两复眼之间的下半部黄色，口器、触角、腿节末端、胫节及跗节黄色，基节及腿节的大部分为黄褐色，后基线伸至第一腹板的 1/2 处。

②拟小食螨瓢虫：体长 0.98~1.20 毫米，末端较狭，触角、口器及足黄至浅黄褐色，后基线伸展超过第一腹板的 2/3 处。

③腹管食螨瓢虫：体长 1.2~1.3 毫米，触角褐色，口器的浅色部分延至唇基，后基线伸达第一膜板的 1/3 处。

4. 捕食盾蚧

捕食果树上的黑点蚧、褐圆蚧、矢尖蚧、桑白蚧、梨圆蚧等多种盾蚧以及绵蚧、蜡蚧。

①红点唇瓢虫：成虫体长 3.4~4.9 毫米，黑色，每个鞘翅上各有一红色小斑。

②细缘唇瓢虫：背光滑，鞘翅外缘有分界明显的黑色缘纹。

5. 捕食蚜虫

捕食蚜虫的瓢虫大多数属瓢虫亚科，体卵圆形，背面光滑，不被细毛。幼虫身体背面有许多低矮的毛瘤。以捕食蚜虫为主，也常猎食木虱、粉虱、叶蝉和飞虱，主要有 4 种。

①七星瓢虫：体长 5~7 毫米，前胸背板黑色，前角上有淡黄色斑，鞘翅橙红色，有 7 个黑色斑点。幼虫灰褐色，前胸有 4 个红斑，第一腹节、第四腹节各有 2 个红斑。

②异色瓢虫：体长 5.4~8 毫米，体色橙黄色、橙红色至全

部黑色，色斑变化有两种类型：体黄褐色者，前胸背板有"M"型黑色斑纹，鞘翅共有 19 个黑色斑点，其变化是一对或几对或全部斑点消失；体黑色者，前胸背板黑色，两侧白色，每鞘翅上有 6 个、4 个、2 个或 1 个橙红色斑。共同特征在于鞘翅的末端有一横脊。

③角纹瓢虫：体长 3.8～4.7 毫米，黄色，前胸背板有一大黑斑，两鞘翅上黑色斑纹略呈"出"字形，带一个尾斑。

④六斑月瓢虫：体长 4.5～6.5 毫米，前胸背板基底黑色，前角、前缘及侧缘黄白色，鞘翅红色至橘红色，每鞘翅上有 3 条不整齐的黑色横带（六斑型）。或鞘翅基部 1/4 处有一橘红色大横斑，在鞘翅 2/3 处另有一不规则橘红色斑（四斑型）。

第二节　苹果树病害的田间调查与病虫害的综合防治

一、田间调查

做好病虫害田间调查，是进行有效治理的基础。只有通过田间系统调查掌握病虫害的发生状态，通过资料汇总分析作出病虫害发生发展现状、发展趋势的评估，才能制定科学的防治对策。

（一）田间调查的目的

田间调查的目的是通过田间实地调查，掌握果园病虫害的发生种类、发生数量、发育阶段、果园害虫天敌的发生情况，以及果树的生长状态，为科学防治提供依据。

（二）田间调查的方法

根据调查目的，结合果树病虫害发生种类、发生时期、为害部位，采用不同的调查方法，以通过有代表性的少量调查，客观地反映田间病虫害的发生状况。在获得调查结果后还要进行科学的统计分析，得出客观实际的结论。常见的田间调查方法如下。

1. 普查

主要是进行种类调查。在当地病虫害缺乏系统的资料记录，或不了解当地果园病虫害发生种类时，需要进行普查。根据果树物候期和果树病虫害生物学特点，分阶段进行调查。主要是查清当地病虫害的发生种类，可造成的为害程度和可整理的记录档案。

2. 巡查

生产中要经常观察果树是否生长正常，了解各种病虫害发生、发展的状况，可沿着道路边走边看，对一些不正常的现象，查找分析原因。对发现的一些不熟悉昆虫、异常症状的叶片、果实等样品收集照相，能够保存实物的可带回保存，并做好记录，以备日后查阅相关资料或咨询之用。若数量较多，可安排进行详细调查。

3. 详细调查

主要是掌握病虫害的数量，并通过定期调查了解病虫害的发生动态。根据常年病虫害发生规律和果树发育阶段，有针对性地对一些主要病虫害进行系统详细地调查，这是生产中制定防治措施的主要依据。根据不同病虫害发生特点，采用不同的调查方法，以能够比较准确地估计单位面积病虫害发生程度或者数量为标准，并且取得的资料可作为基础数据，从而进行不同时期、不同年份、不同地点的比较等。

（1）叶部病虫害调查　一般根据果园面积、管理的一致性确定调查数量，在管理一致的情况下，每3公顷可作为1个调查单元，称为1个调查方。在果园采用棋盘式取点，即在果园东、西、南、北、中各选有代表性的果树2株。

①叶螨调查：可在调查树东、西、南、北、中5个方位靠近大枝附近的叶丛枝上，各随机取5片成熟叶，调查叶上成螨数量，计算平均每叶有成螨数量。如果要想了解叶螨发生状态，可带回室内镜检调查成螨、若螨、卵的比例，对叶螨近期发生趋势

作出预测。

②蚜虫调查：可在每株调查树上四周随机调查 50 个新梢，按照蚜虫数量分级调查，可按 1 级 = 0；2 级 = 1～50 头/梢；3 级 = 51～200 头/梢；4 级 = 201～500 头/梢；5 级 > 500 头/梢。

③卷叶蛾调查：在调查树上东、西、南、北、中 5 个方位随机调查 100 个梢，分别记录虫苞率和有虫数。

④食心虫调查：在一个调查方内分别在果园四角距边行 5～10 株范围和中心地带选取 2 株调查树，按树冠上部调查 30 个果，下部调查 70 个果详细调查卵果率，当卵果率达到 1% 时，进行喷药防治。虫果率调查，可以结合卵果率调查同时进行。防治效果调查，可在果实采收期，随机选筐，每筐调查 100 个果有脱果孔的果数，共调查 2 000 个果实。

（2）枝干害虫调查　天牛类可调查有虫株率，根据果园环境，选择有代表性的树行，逐株检查被害株，调查 200 株，统计有虫株率。介壳虫可选取不同粗度、长度枝条调查，如桑白蚧，可选取直径 1 厘米的枝条，调查长度 10 厘米内的介壳虫数量。

二、苹果树病虫害的综合治理

（一）防治策略

我国于 1975 年在全国植保大会上提出"以防为主，综合防治"的植保方针。随着研究的深入，生产的发展，现在更为合适的策略称为"病虫害综合治理"。它的发展经过了 3 个阶段。第一阶段即—虫—病的综合防治，对于某种主要病虫害，采取各种适宜的方法进行防治，把它控制在经济允许为害水平以下。第二阶段是以寄主植物为单元，多种病虫害为对象进行综合治理。目前的综合治理已发展到以生态系统为单元的各种有害生物可持续控制技术体系研究。其基本含义是：从农业生态系整体出发，充分考虑环境和所有生物种群，在最大限度地利用自然因素控制病虫害的前提下，采用各种防治方法相互配合，把病虫害控制在经济允许为害水平以下，并有利于农业的可持续发展。

（二）指导思想

根据病虫害综合治理的基本原理，在进行病虫害防治时，要从整个果园及其所处的环境作全面的考虑，即对生物系统中生物的、非生物的各种因素进行分析，综合考虑其经济效益、生态效益和社会效益。最大限度地利用自然因素控制防止病虫害的发生，尽量能够创造一个不利于病虫害发生、而作物能够正常生长发育的环境。

就目前苹果生产现状，在大的方面要考虑果园的环境，周围不能种植易于引发苹果病虫害的作物和防护林，如桃、苹果、梨连片种植，会加重梨小食心虫的发生；刺槐、核桃做防护林可加重炭疽病的发生；杨树的溃疡病可引起烂果病等。具体到果园内管理，在不套袋的苹果园烂果病是生产中的首要问题，综合治理体系应以防治烂果病为中心，根据品种特性，采取各种综合措施，在保证防治效果的前提下，尽量少用高毒广谱杀虫剂，不用有残留的农药。同时通过栽培措施提高树体抗病虫能力，充分利用生物农药和自然天敌控制病虫害的发生。加强病虫害测报工作，减少盲目用药，在必须用药时，尽量减少用药并使用有选择性的低毒农药。注意农药的交替使用，以减缓抗药性的产生。

（三）林果在受害以前，采取科学的方法预防，或在大发生以前采取措施可以降低损失

通过掌握林果生长发育特点、病虫害发生规律、科学的防治方法，可避免人为的损害（如药害、肥害等），在病虫害的防治过程中，可以根据病虫害发生的具体特点，采取不同的防治方法。

1. 植物检疫防治法

植物检疫是国家或地方政府制定法律，通过检查检验，禁止或限制危险性病、虫、草人为地从国外传入，或者从外地区传入本地区。在国内外交流日益频繁，特别是苗木、接穗、插条、种子等繁殖材料的携带、异地苗木的交流急剧增多的情况下，植物

检疫显得格外重要。当一种生物传入定居后，要想彻底清除这种生物难度很大。有些种类进入新的环境以后，由于缺乏自然天敌抑制，在适宜的环境条件下蔓延很快。如苹果绵蚜、二斑叶螨等正不断向新区扩散，由于天敌未能及时追随控制种群数量上升，在局部地区往往造成惨重的经济损失。

2. 农业防治法

在林果栽培过程中，有目的地创造有利于林果生长发育的环境条件，使林果生长健壮，抗病虫能力提高，同时创造不利于病虫害发生的环境条件。主要包括：一是培育无病毒苗木，特别对于易通过无性繁殖传播的病毒病，选用无病毒的苗木、接穗至关重要；二是选用抗病品种，在建园初选择适宜的品种，可以大量减轻以后病虫害防治的负担，就是在栽培中发现不适宜当地的品种，也要及时进行改接；三是注意果园卫生，病虫害的发生都有其根源，果园中的病枝落叶为翌年病虫害的发生提供了最初来源，及时清除病枝、落叶、落果可以大量减少翌年初侵染源；四是进行合理修剪，不仅可以调节树体负载量、改善通风透光、增强树体抗病虫能力，同时能去除病虫枝、僵果，但要对剪、锯口进行保护；五是合理施肥和排灌，要及时掌握树体和土壤营养状况，科学施肥，多使用有机肥，以改良土壤结构，目前多数果园适当增施磷、钾肥可以提高抗病力，如增施钾肥可提高抗苹果树腐烂病能力，果实补钙不但可防止裂果，也可提高抗轮纹病能力。

另外，黏土地注意及时排除积水，深翻土壤，改良土壤透气性，可以预防根部发生根腐病；果实的适期采收和合理贮藏直接影响着商品性能及经济效益，采收、运输中避免造成伤口，采收后尽快降低存放地温度，以延缓果实呼吸强度高峰的出现，减少贮藏期的损失。

农业防治法是整个病虫害防治的基础，可避免许多病虫害的发生，如果发生了病虫害，树体的良好补偿作用也可以使经济损失大为降低。

3. 化学防治法

通过使用药剂杀灭或抑制病虫害的发生，起到保护林果、防止或减轻病虫害造成的损失的作用。化学药剂对病虫害有多种作用方式，如直接杀灭病虫害；对害虫的驱避作用；保护性杀菌剂对病菌生长有抑制作用；某些化学药剂还可刺激植物产生保护性反应，使体内产生植物保护素，抵御病虫害的入侵；某些化学药剂可使植物病毒活性降低，起到钝化病毒的作用；有些药剂可以和病菌分泌的毒素反应，使其失去对植物的毒害作用，从而起到保护林果不受病虫害侵袭的作用。

化学防治法是人们扑灭病虫害的灭火器，在应对暴发性病虫害方面有着不可替代的作用，但往往会产生许多副作用，果品农药残留、环境污染、破坏生态平衡、引起某些次要害虫暴发等，在实践中要科学使用。

4. 生物防治

利用生物及其代谢物防治病虫害的方法，可以通过保护利用天敌，也可引进天敌释放，或者通过人工繁殖释放天敌达到捕食寄生害虫的目的；也可以利用生物代谢物防治病虫害，如阿维菌素、浏阳霉素、多氧霉素等通过喷洒防治病虫害；也可利用病菌的拮抗作用，将有益微生物直接喷洒在植物表面，占据病菌侵染位点，预防有害生物侵染；也可通过在植物上接种无致病力的病原菌近缘种或者低致病力的病原菌，诱发植物对病原菌的抗病性，起到近似植物疫苗的作用。

生物防治法有些类似中医中药的作用，多数情况下作用缓慢，但作用持久，生物防治法几乎不污染环境，对生态平衡影响很小，在目前强调治理环境污染、保护生态平衡的形势下，生物防治法在病虫害防治中越来越受到重视。

5. 物理防治法

在林果上利用物理、机械的方法防治病虫害也得到了较多的应用，如利用黑光灯诱杀林果害虫；利用黄板诱杀蚜虫、白粉虱；利用果实套袋防治果实病虫害；利用热处理脱去苗木病毒等。

三、我国苹果主产区病虫害的综合防治

我国苹果分布范围较广，据 1990 年统计，栽培面积为 2 533 万亩，年产苹果近 500 万吨。这些苹果大都分布在北部、中部、西北和西南各省，集中的产区有辽宁、山东、河北等沿渤海湾周围的老产区，河南、安徽、江苏和山东南部的黄河故道以及陕西、甘肃西北黄土高原苹果新产区。各主要产区苹果病虫害发生为害和防治各有不同，特别是在综合防治方面，都积累了丰富的经验，近十年来的研究也取得了一些新成果。

（一）渤海湾地区苹果病虫害的综合防治

本地区苹果栽培面积大，产量高，分别占全国苹果总面积、总产量的 50% 和 60%。由于栽培历史较久，管理果树经验丰富，防治病虫害水平较高，在经济栽培的苹果园里病虫害种类比较少。发生的主要病害有苹果树腐烂病、早期落叶病、轮纹病和白粉病；主要害虫有桃蛀果蛾、苹果树叶螨（以苹果全爪螨、山楂叶螨为主）、卷叶虫、蚜虫和金纹细蛾等。这些病虫害对苹果生长发育和产量质量影响较大。对这些病虫进行综合防治的基本策略，是在重视和发挥果园生态系统自控因素的前提下，根据主要病虫害的发生规律和与病虫害天敌的相互关系，运用系统科学原理、方法和多种相互协调技术，组建综合防治体系。在综合防治体系中着重利用生物防治技术，包括天敌保护、释放和生物农药的应用；低毒选择性农药的合理使用；病虫害监测和害虫经济阈值应用，以及通过生态、生理选择方法合理使用化学农药，以减少剧毒、高残毒农药的用量，减少对生物防治的干扰和对环境的污染，同时降低防治成本，将病虫害控制在经济允许的为害水平以下，达到综合防治综合增益的目的。

渤海湾地区苹果病虫害综合防治的技术要点如下。

第一，加强苹果栽培管理，合理剪枝、施肥，控制结果量，增强树势，提高树体抵抗病虫害能力。

第二，对害虫合理施药，保护害虫天敌，强化生物控制效应。对桃蛀果蛾加强树下地面防治，减少树上施药次数和防治面积。地下防治使用低毒毒死蜱、白僵菌；树上分品种按卵果率防治指标，使用青虫菌 6 号、苏云金杆菌乳剂进行挑治和防治。对卷叶虫于越冬幼虫出蛰前，用药剂局部封闭剪、锯口杀灭幼虫，压低虫口基数。利用卷叶虫性诱剂诱捕器，监测越冬代成虫发生始、盛期，适时释放松毛虫赤眼蜂防治。对苹果树叶螨按防治指标防治，使用选择性杀螨剂塞螨酮、浏阳霉素、四螨嗪和硫悬浮剂、三唑锡防治。

第三，对病害适时施药，提高防治效果，选用生物农药，减轻环境污染。对苹果树腐烂病在苹果发芽前用植物农药腐必清混加低剂量福美胂或腐烂敌铲除菌源。用腐烂敌、腐必清和 843 康复剂涂抹刮治病部，防止复发。对轮纹病和早期落叶病于病菌大量传播前（6 月 10 日前后）喷布多菌灵、硫菌灵，其后用波尔多液再防治两三次，控制病害发生和蔓延。对白粉病在开花前彻底剪除病梢的基础上，开花前后各喷硫悬浮剂 1 次防治。

这套苹果病虫害综合防治技术，通过在辽宁南部和西部苹果产区示范防治，在 2 万多亩苹果园中大都取得了良好的防治效果和显著的经济效益。综合防治示范区比一般防治区的病虫害果率降低 64%～72.6%；农药用量下降 22%～28%；防治费用与收益比达到 1：3.1～5.5，经济效益十分明显。同时，综合防治区生态效益也十分明显，由于重视发挥病虫害天敌的自然控制作用，运用害虫经济阈值合理使用农药，天敌群落组成发生很大变化，天敌种类增加，综合防治示范区天敌数量是一般防治区的1.8 倍。益害比例，综合防治区为 1：16，较一般防治区（1：157）增加近 10 倍。综合防治示范区苹果果实农药残留量明显低于一般防治区，都在允许残留标准以下，保证了果实无污染，社会效益也有提高。

（二）　中部黄河故道地区苹果病虫害的综合防治

本地区包括豫东、鲁西、皖北和苏北，属于旧黄河故道冲积或淤积而成的沙地平原，面积约 2 250 万亩。目前果树栽培面积约 375 万亩，年产果品 70 万吨，其中苹果栽培面积 225 万亩，产量 30 万吨，分别占全国苹果总面积、总产量的 8.9% 和 17.8%。这一地区的苹果是 20 世纪 50 年代中期以来栽培的，至今已有 30 余年，多数苹果进入盛果期。这一地区地处我国中部，苹果生长季节较长，加之夏季高温多雨，冬季气温偏高，有利于苹果病虫害发生、繁殖、侵染和为害。发生的主要病害有轮纹病、炭疽病、苹果腐烂病和早期落叶病，主要害虫有梨小食心虫、桃蛀果蛾、山楂叶螨、卷叶虫和枣尺蠖等，其中以病害，特别是果实病害，对苹果产量、质量影响最大。针对这些主要病虫害进行综合防治的基本策略，是以病害为重点，兼治虫害，运用各种有效的防治措施，即农业防治、生物防治、药剂防治和人工防治等，按照苹果不同生育期，相互配合合理使用，把病虫害控制在经济允许的为害水平以下，达到综合防治的目的。

黄河故道地区苹果病虫害综合防治技术要点如下。

第一，加强苹果栽培管理，合理剪枝，适量少施氮肥，控制旺长，调整结果负载量，增强树势，提高树体抗病虫害能力。

第二，对病虫害适期施药，提高防治效果。对轮纹病、炭疽病提早于落花后半月（一般于 5 月上中旬），病菌侵染前喷第一次药，及时保护幼果，以后结合防治早期落叶病，在收麦前（5 月下旬）、收麦后（6 月下旬）以及 7 月中旬、8 月上旬和 8 月下旬连续喷药五六次。第一次使用多菌灵，以后与波尔多液轮换交替使用。对腐烂病发芽前喷福美胂铲除菌源；病疤刮后用福美胂涂治，防止复发。

第三，对害虫合理安排人工防治、生物防治和药剂防治，减少药剂用量、次数，降低防治成本。对枣尺蠖在苹果萌芽前，树干基部缠塑料带环，阻隔成虫上树，开花前带环上涂药，杀灭小幼虫。对梨小食心虫于开花前（4月上中旬）用性诱剂、果醋诱杀成虫。对桃蛀果蛾收麦后（6月下旬）树上喷水胺硫磷防治，以后结合梨小食心虫的防治，混加杀螟硫磷等药剂防治。对山楂叶螨在收麦前用硫悬浮剂重点防治。全年共施药七八次。

这套苹果病虫害综合防治技术，通过在河南、安徽、江苏苹果产区示范防治，在1.7万亩苹果园取得了良好防治效果，综合防治区病虫害果率在5%以下，好果率较一般果园提高5%~10%。杀虫杀螨剂减少喷施两三次，投入与产出比达到1：(4~5)，经济效益显著。

（三）西北高原地区苹果病虫害的综合防治

本地区苹果分布在陕西秦岭北麓渭北高原和甘肃一带，大多栽培在山地上。是20世纪70~80年代陆续发展起来的新兴果区，面积约450万亩，产量44万吨，分别占全国苹果总面积、总产量的17.8%和8.8%。这一地区地处我国西北高原，气温较高，降水分布不均，夏季多旱，病虫害的发生和为害较前述产区轻。苹果的主要病害有白粉病、苹果树腐烂病、早期落叶病、霉心病等，主要害虫有卷叶蛾、山楂叶螨、梨叶斑蛾和桃蛀果蛾。对这些病虫进行综合防治，也取得了成功的经验。

西北高原地区苹果病虫害综合防治技术要点：在加强苹果栽培管理的基础上，着重抓好以下几种病虫害的防治。

第一，对苹果树腐烂病于发芽前喷福美胂铲除菌源，病疤刮后涂福美胂、腐必清和843康复剂。

第二，对白粉病在开花前后喷硫悬浮剂各1次。

第三，对早期落叶病在收麦前、后各喷1次硫菌灵，8月中下旬喷波尔多液，兼治早期落叶病。

第四，对山楂叶螨释放西方盲走螨控制为害，或用杀螨剂控制发生。

第五，对桃蛀果蛾加强地面防治，用性诱剂测报成虫发生期，防治出土幼虫；树上按卵果率防治指标施药，用青虫菌或水胺硫磷防治。

这套综合防治技术在陕西渭北苹果产区示范防治面积 1 万亩，大都获得了良好的防治效果。综合防治示范区虫果率在 1% 左右，腐烂病病株率降为 2%～3%，叶螨、卷叶虫以及早期落叶病均得到有效控制，未造成明显为害。示范区由于有效地控制了病虫为害，大大提高了苹果产量，增收 20%。同时也降低了防治费用，投入与收益比为 1：3.3，经济效益较好。

第三节　苹果树主要病虫害及其防治措施

（一）苹果干腐病

苹果干腐病又叫胴腐病，在我国各苹果产区均有发生。该病为害苹果大树和幼树枝干，造成树皮腐烂；还为害果实，造成烂果。本病还能侵害梨、柑橘、杨树、蔷薇属等 10 多种树木。

【症　状】大树发病，有溃疡型和枝枯型两种症状（图 6-1）。大树主干、主枝、侧枝发病多表现为溃疡型。发病初期，病部呈暗褐色，形状不规整，表面湿润，病皮较坚硬，常溢出茶褐色至暗褐色黏稠状液体，俗称"冒油"。病皮组织内部也呈暗褐色，质地坚韧，并有白色的木质纤维，呈纵向带状排列。病斑多未烂到木质部，与腐烂病容易区别。病部失水后，干缩凹陷，呈黑褐色，周缘开裂，易翘起，使枝干树皮表层粗糙。发病后期，病皮表面密生隆起的黑色小粒点，即为病菌的分生孢子器或子座。干腐病一般只为害树皮表层，病斑较小，较分散，但发病严重时，许多病斑常连成大片，部分病皮也可烂到木质部，严重削弱树势，甚至造成死枝死树。枝枯型多发生在长势弱的细枝条或侧枝、辅养枝上，病斑呈紫褐色至暗褐色，边缘不明显，扩展迅速，深达木质部，使枝条很快干枯死亡，表皮密生小黑点。在干旱地区或土层浅、保水不好的山地果园，长势很弱的大枝发病时，锯口以下树皮常呈条状发病，暗褐色，较硬，凹陷坏死，最后造成大枝或全树枯死，病部密生小黑点。

幼树受害，一般在定植后的春季开始发病。多在嫁接口附近或树干上形成不规整或椭圆形病斑，呈暗褐色至黑褐色，病斑扩展到10厘米左右长时，幼树多枯死。发病后期，病斑凹陷，边缘开裂，表面密生黑色小粒点，此即病菌的分生孢子器或子座。

果实被害，多在果实成熟期或贮藏期发病，其症状与轮纹病所致的烂果无区别。它与轮纹病引起的烂果一起，俗称为轮纹烂果病。

【病原】苹果干腐病的病原菌是一种真菌，其有性世代属于子囊菌亚门。子囊壳生于树皮表层下的子座内。子座黑色。炭质，内侧色浅，先埋生，后突破表皮，露出顶端。一个子座中有1个至数个子囊壳。子囊壳黑褐色，扁球形或洋梨形，具有乳头状孔口，大小（227～254）微米×（209～247）微米，内有许多子囊和侧丝。子囊长棍棒状，无色，顶端细胞壁较肥厚，具两层膜，大小（50～80）微米×（10～14）微米，内含8个子囊孢子。子囊孢子单胞，无色，椭圆形，大小（16.8～26.4）微米×（7～10）微米，在子囊内排成2行。侧丝无色，不分隔，混生于子囊间。分生孢子器有两种类型：一为大茎点菌属型，无子座，分生孢子器散生于病部表皮下，暗褐色，扁球形，大小（154～255）微米×（73～118）微米，分生孢子单胞，长纺锤形至椭圆形，大小（16.8～24）微米×（4.8～7.2）微米；二为小穴壳菌属型，有子座，多与子囊壳混生于同一子座内，大小（182～319）微米×（127～255）微米，分生孢子椭圆形至长纺锤形，无色，单胞，大小（16.8～29）微米×（4.7～7.5）微米。分生孢子器在降雨时或空气湿度较高时，从顶端开口处涌出白色分生孢子团（图6-1）。

【发病规律】病菌以菌丝、分生孢子器和子囊壳在病部越冬。越冬后的菌丝体于翌春恢复活动，继续侵害寄主枝干。分生孢子器成熟后，遇雨水或空气潮湿，涌出分生孢子团，随风雨传播，经伤口、死芽和皮孔侵入。在辽宁省果区，5~11月均能发病，其中以5月下旬到6月份发生最多，7~8月进入雨季发病明显减少，8月下旬后若遇秋旱，发病再次增多，10月中下旬发

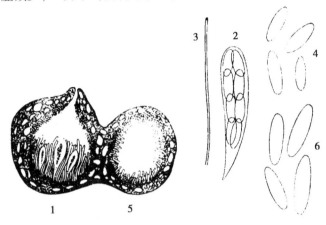

1. 子囊壳；2. 子囊；3. 侧丝；4. 子囊孢子；5. 分生孢子器；6. 分生孢子

图6-1　苹果干腐病菌

病逐渐减少，11月基本结束。山东省5~6月、9~10月干旱时，有两次发病高峰。山西省忻州地区4月中旬至5月下旬为春季发病高峰，6月上旬至8月中旬发病减少，8月下旬至9月下旬发病较多，10月发病基本停止。

干腐病菌是一种弱寄生菌，具有潜伏侵染的特点，病菌侵入树体后不一定发病，只有当树体衰弱时，病菌才扩展、发病。树皮含水量过低或冻伤和烂根病为害，以及苗木定植后的缓苗期，发病严重。在主栽品种中国光、白龙发病重，元帅、金冠、鸡冠、祝光较轻。山坡丘陵等土层薄的果园发病重。

【防治方法】

第一，加强栽培管理，提高树体自身抗病能力。深翻改土，增施农家肥，树盘覆草，提高土壤保水保肥能力。有条件的果

园，干旱时灌水，可明显降低发病率。

第二，大树枝干部位发病，病斑多限于表层，刮治时只削净上层病皮即可，或用刀尖在病部划道（间隔 5 毫米左右），然后涂 40% 福美胂 50 倍液。

第三，对发病重的果园或地块，于春季苹果树发芽前，全树喷洒 40% 福美胂 100 倍液，效果良好，同时兼治腐烂病。

第四，及时剪除病枯枝并烧毁，降低果园病原菌密度。

第五，新栽幼树，应选用壮苗，旋足肥水，缩短缓苗期。苗木栽培深度，以接口与地面相平为宜。秋季加强对大青叶蝉的防治，防止在枝条上产卵而使枝条散失水分，以减轻发病。

（二）苹果轮纹病

苹果轮纹病又叫粗皮病，主要为害果实、枝干，也能为害叶片。该病在我国各苹果产区均有发生，黄河故道和渤海湾苹果产区发生尤为严重。重病树枝干上病斑累累，树势衰弱，甚至造成枝干枯死；果实受害后腐烂，严重影响产量和质量。其中，感病品种金冠采收时病果率高达 5% ~ 10%，贮藏 1 个月后烂果率往往达 30%，甚至高达 50% 以上。自 20 世纪 80 年代以来，该病的为害逐渐加重，特别是近些年各地大量发展的新红星、红富士等优良品种，均为易感病品种，所以该病将对未来的苹果生产具有严重的为害。

苹果轮纹病除为害苹果外，还能侵害花红、海棠、梨、桃、杏、李、栗、枣、楂楟、木瓜等多种果树。

【症状】枝干发病，最初皮孔稍隆起，不久以皮孔为中心，产生红褐色近圆形或不整形病斑，直径 0.3 厘米至 2~3 厘米不等。病斑中心逐渐隆起呈疣状，以后周缘逐渐凹陷，颜色变深，质地坚硬。病斑单生或两三个连生。翌年，病斑的凹陷部散生许多凸起的小粒点（病菌的分生孢子器）。随着枝干的生长、病健部木栓形成层的形成及病斑的失水变干，病部周围逐渐隆起，病健交界处产生裂缝。逐渐翘起、剥落，严重时许多病斑密集，相互融合，树皮极为粗糙，故称粗皮病。病斑不仅限于枝干表皮，还可侵入到皮层内部，故严重削弱树势，甚至引起枝干逐渐枯死。发病的第三年春季，分生孢子器出现裂口，开始释放分生孢子。

果实受害，多在近成熟期或贮藏期发病。初期以皮孔为中心产生水渍状近圆形褐色斑点，稍深入果肉，以后很快扩大，病部果肉腐烂，呈黄褐色软腐，表面有明显的深浅相间的褐色同心轮纹，并常流出茶褐色黏液，烂果肉具明显酒糟味。在常温下，几天内即可使全果腐烂，失水干缩后成为黑色僵果，果面密生黑色小粒点（病菌分生孢子器）。叶片发病很少。发病叶片产生近圆形或不规则形褐色病斑，大小 0.5 ~ 1.5 厘米，后期逐渐变为灰白色，病斑上散生黑色小粒点。

【病原】轮纹病是由一种寄生真菌所致，其有性世代属子囊菌亚门，与苹果干腐病是一个种，为干腐病菌的一种专化型。无性世代属半知菌亚门，菌丝无色有隔，分布于寄主细胞间隙。分生孢子器扁圆形，大小 283 ~ 425 微米，有乳突状孔口，器壁黑色，炭质，内壁密生分生孢子梗。分生孢子梗无色、单胞、丝状，顶端着生分生孢子。分生孢子钝纺锤形至长椭圆形，两端稍尖，单胞，无色，大小 24 ~ 30 微米 × 6 ~ 8 微米。

有性世代的子囊果不常出现。子囊壳与分生孢子器混生于病树皮表皮下，子座不发达，多单生，黑褐色，球形至扁球形，壳壁薄，炭质，顶端有孔口。底部有许多子囊和侧丝。子囊棍棒状，无色，顶端肥厚，侧壁薄，基部较窄，内含 8 个子囊孢子。子囊孢子单胞，无色至淡黄色，椭圆形（图 6 - 2）。

1. 分生孢子器；2. 分生孢子；3. 分生孢子萌发；4. 子囊壳

图 6 - 2　苹果轮纹病菌

【发病规律】轮纹病菌以菌丝、分生孢子器和子囊壳在病组织内越冬，其中病枝干上越冬的病菌是翌年的主要侵染源。越冬后的菌丝于翌春恢复活动，继续为害枝干，越冬的分生孢子器，一般在 3 月下旬至 4 月下旬当气温达 15℃ 以上，并有降雨时，即开始散发孢子，随风雨飞溅传播。传播距离一般不超过 10 米，按树行的纵向传播较多，横向较少。一般新病斑上的孢子器开始释放孢子时间较晚，老病斑上的孢子器释放孢子时间较早。田间孢子捕捉结果表明，昌黎地区 5~6 月孢子增多，6 月下旬至 8 月上旬最多，8 月中旬至 9 月减少，10 月上旬以后很少；山东泰安地区 5~6 月较多，7~8 月为高峰期，8 月后明显减少；郑州地区 3~11 月均有孢子散发，4 月中旬后数量剧增，4 月下旬至 5 月中旬达最高峰，随后数量减少，8 月中旬后又出现另一高峰，9 月上旬后数量减少。各地区病菌孢子均是降雨后释放量明显增多。孢子发芽后经皮孔或伤口侵入果实和枝干。整个果实生育期病菌均能侵染果实，其中从谢花后的幼果期至 8 月上旬为最容易侵染时期。在该期间，只要有降雨，病菌孢子即散发出来，并很容易在果实上完成侵染，在温湿度适宜时，12~24 小时便可完成侵染过程。病菌侵入后，在果点附近潜伏，待果实近成熟时或贮藏期才发病，潜伏期从几十天到二百多天不等，病菌具潜伏侵染特点。潜伏病菌在果实上扩展发病，与果实内可溶性糖及酚类化合物的含量变化相关。当果实含糖量超过 10% 时，病菌容易扩展发病，当酚类化合物含量在 0.04% 以上时（以茶酚计算），能有力抑制侵入病菌的扩展。轮纹病菌对 1 年生枝条（新梢）最容易侵染，在 20~25℃、保湿 24~48 小时即可完成侵染。对 2~4 年生的枝条的侵染率则较低。枝条的侵染时期为 4~9 月份，其中 6~7 月份最多。侵入新梢的病菌，一般从 8 月开始以皮孔为中心形成新病斑，第二三年开始大量形成分生孢子器和分生孢子，第四年产生孢子能力减弱，但到第九年仍有少量孢子器有产生孢子能力。

轮纹病的发生和流行与气候、品种、树势等条件有密切的关系。在高温多雨地区，或降雨早、降雨频繁的年份，发病重。主栽及发展品种中，金冠、富士、元帅、新红星、新乔纳金、金矮生、王林等发病重；国光、印度、红玉、祝光、甜黄魁等发病轻，弱树发病重，壮树发病轻。

【防治方法】

（1）加强栽培管理　轮纹病菌为弱寄生菌，有潜伏侵染特点，树势强壮则枝干发病较少。因此，要加强栽培管理，提高树体抗病菌扩展能力，注意控制树体负载量，多施农家肥，注意氮、磷、钾肥配合，避免偏施氮肥。

（2）刮除病瘤，清除树上越冬病源　对重病果园，于早春刮除枝干上病瘤，剪除病枯枝，并于发芽前全树喷洒40%福美胂100倍液，具有较好的防治效果。

（3）生长期喷药保护　根据病害的主要侵染时期，在落花后到8月上旬期间，每隔15～20天的降雨之前，喷洒1次保护剂或内吸性杀菌剂。幼果期可喷洒50%多菌灵600～800倍液，或50%退菌特800倍液，或80%超微多菌灵1 000～1 200倍液，锌铜波尔多液（硫酸锌0.5份，硫酸铜0.5份，生石灰2～3份，水200倍）。果实膨大期之后，可喷洒1∶2.5～3∶240倍波尔多液，也可用波尔多液与上述内吸性杀菌剂交替使用。在有机杀菌剂中加入0.05%的黏着剂褐藻胶可明显提高防治效果。

（4）实行果实套袋　有条件的果园，于落花后，疏去边果，留中心幼果，用自制硫酸纸袋或专用纸袋套果，每袋套1个果，扎紧袋口。这样不仅能有效地防治果实轮纹病，还可防治食心虫等其他病虫对果实的为害，能明显提高果实的质量。

（三）苹果疱性溃疡病

苹果疱性溃疡病又名发疱性胴枯病，病区俗称发疱性干腐病。1973年首次在四川茂汶、西昌等地采到病害标本。四川省20多个县市均有分布，其中蓬溪、射洪等地发病较重，被害株率一般为 1%～10%，个别果园高达 50% 以上。云南昆明等地也有此病发生。苹果中金冠（青苹）品种受害较重，其次为丹顶和旭，元帅系品种比较抗病。

【症状】苹果疱性溃疡病，主要发生在苹果树的主干和大枝上。发病部位多是衰老树的主干或枯桩的大伤口附近，也可在健全的主、侧枝或与主干相接的大枝上发病。病菌从伤口侵入，先引起木质部腐朽，继而由木质部向外扩展，侵害树皮。发病初期树皮表面出现红褐色水渍状椭圆形或卵圆形病斑，表面柔软光滑。剖开病部观察，树皮内层呈现乳黄与淡褐色交错的斑纹，病部边缘尤为明显，这是识别此病初期的主要特征。以后病部逐渐扩大，失水干缩，表面暴裂，出现许多三角形或星状小裂口，开始形成病菌的子座。初期的子座较小而分散，其后逐渐扩大成椭圆形或圆形，灰黑色，四周表皮翘起，中央扁平。后期子座四周表皮脱落，边缘略隆起，呈盘状，外观像纽扣。这些盘状物密集连片，暴露在树皮表面状似蜂窝。子座容易与周围的树皮剥离，天气干燥时，周围树皮断裂、脱落，但子座仍固着在木质部。子座脱落后在木质部表面留下一圈黑褐色斑痕，可保持数年不变。

横切病枝观察，可见在病枝横断面上被害木质部颜色较深，常呈扇形，水渍状，边缘不清晰。纵切面有暗褐色线纹向上下伸展。病枝的叶片变黄，逐渐枯死。

【病原】病原菌有性阶段，属子囊菌亚门。子座在树皮内形成，成熟后突破表皮露出，单生或数个连生。单个的子座呈盘状或杯状，圆形或椭圆形，大小（3～7）毫米×（5～13）毫米，边缘隆起，中部下陷，灰黑至黑褐色，中央密生黑色小点（子囊壳）。子囊壳长卵圆形至圆筒形，有长颈，孔口外露呈疣状。子囊壳极薄，黄褐色，后期与子座分离成袋状，悬于子座腔中。子囊圆筒形，顶部钝圆，壁较厚，含淀粉质粒，基部较细，有短柄，无色透明，大小（105～165）微米×（12.5～17.5）微米，内含 8 个子囊孢子，单行排列。子囊孢子单胞，幼嫩时椭圆形，无色，成熟后呈球形，暗褐色至黑色（图6－3）。子囊成熟后子囊壁多消解，只见成熟的暗色子囊孢子。侧丝线状，无色，不分隔。分生孢子层在子座表层之下形成，以后外露。

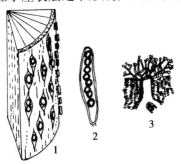

1. 盘形黑色子座从树皮的裂口露出；2. 病菌的子囊和子囊孢子；
3. 病菌的分生孢子梗和分生孢子

图6－3　苹果疱性溃疡病及病原菌

【发病规律】子囊孢子和分生孢子都能侵染，但分生孢子寿命短，可能在侵染中起作用很小。子囊孢子可生存3年，在侵染中起主要作用。病菌一般从暴露出心材的伤口侵入。3年以下枝条的木质部不适于病菌侵染，病菌在比较老而干的心材中生长良好。一旦病菌侵入定居后，即由心材向外扩展，导致树皮发病。病菌生长速率与木质部的含水量有关，干旱之后病势加重。病菌在健康的树皮中活动缓慢，而在被害木质部上面的树皮中扩展迅速。

子囊孢子周年都能侵染，在川北地区一年四季均可发病。病菌的侵染多以较深的裂伤为中心，在平滑的浅层伤口上接种常不能发病。在果园中病菌侵染多发生在劈裂伤或大伤口上。

苹果不同品种的感病性有明显差异，倭锦品种最感病。在川北，金冠发病普遍而严重。幼龄树和稳产壮树病轻。衰老树和大小年结果现象明显的不稳产树，土壤板结致使根系生长不良的果园，修剪过重造成大伤口多的树，发病较重。疱性溃疡病除苹果外，还可为害梨树、桦树、榆树和皂角等林木。

【防治方法】

第一，改善栽培管理技术，10年生以下的幼树很少发病。因此，树体整形宜早，避免在树冠长大后，大拉大砍造成大伤口。

第二，注意改进修剪方式，增施农家肥，增强树势，促进伤口及早愈合，防止造成劈裂伤。

第三，发现树皮发病时，应在树皮发病部位以下相当距离处，把木质部已经变色的部分彻底锯掉。

第四，及时做好伤口的消毒保护，以预防病菌侵染。发病初期及时防治。使用的伤口保护剂以50%甲基硫菌灵100倍液加适量2,4-D效果较好。

第五，如果病菌已侵入主干，或全园发病已相当严重，则应注意刮除病皮，及时挖除重病树，防止产生孢子传播蔓延。

（四）苹果干枯病

苹果干枯病主要为害苹果幼树，造成枝干树皮坏死，重者死枝、死树。在各果区时有发生。

【症状】苹果干枯病多在幼树主干或枝杈部位发生。病斑呈暗褐色，椭圆形，失水后凹陷，边缘开裂。病斑上生黑色小粒点（病菌的分生孢子器）。天气潮湿时，从中涌出丝状黄褐色的孢子角。

【病原】苹果干枯病的病原菌属半知菌亚门。分生孢子器埋生于子座内，近球形，大小230~450微米，黑色，顶端有孔口。分生孢子有两种：一种为椭圆形至纺锤形，无色，单胞，有两个油球，大小（4~9）微米×（2~4）微米；另一种孢子丝状至钩状，无色，单胞，大小（14~35）微米×（1.5~2）微米。病原菌的有性阶段田间很少见到。

【发病规律】病原菌以菌丝和分生孢子器在病部越冬，病菌孢子借助风雨传播。当树势衰弱，枝条失水皱缩及受冻后，易发生此病。

【防治方法】

第一，加强管理，提高抗病能力。深翻改土，增施农家肥，初冬和早春灌水或树盘覆膜。

第二，剪除病枝，刮净病部。病疤涂 843 康复剂等消毒保护剂。

（五）苹果枝枯病

苹果枝枯病主要为害苹果大树衰弱的枝梢，使树皮腐烂枯死，在各果区时有发生。

【症状】苹果枝枯病多在结果枝或衰弱的延长枝前端形成不规则褐色病斑，微凹陷，表面散生小黑点（病菌分生孢子器）。后期病皮龟裂，易脱落，往往露出木质部，严重时枯死。

【病原】病原属半知菌亚门。分生孢子器褐色、球形。分生孢子无色、单胞，椭圆形，大小 4.5～6 微米 ×2～2.5 微米。

【发病规律】病原菌以菌丝和分生孢子器在病部越冬，天气潮湿或降雨时，从孢子器中释放出分生孢子，借风雨传播。该病菌寄生性很弱，只有在枝条非常衰弱时，才容易发病。

【防治方法】加强肥水管理，修剪更新衰弱枝条。及时剪除病枝烧毁。

（六）苹果霉心病

苹果霉心病在渤海湾、黄河故道、西北高原等主要苹果产区都有发生，元帅系苹果品种受害较重。一般从采收后 1 个月左右开始发病。常因果实心室发霉或果心腐烂，降低商品价值，造成重大损失。近年来，随着元帅系苹果栽培面积的扩大，霉心病的为害日益严重，病果率常达 40%～60%。

【症状】在发病初期，剖开病果观察，果实心室内出现褐色不连续的点状或条状小斑，其后多数小斑融合成褐色斑块，心室中出现橘红、墨绿、黑灰和白色霉状物。有些病果，病菌突破心室壁扩展到心室外，引起果肉腐烂，症状发展大致可分为 4 种类型：一是心室小斑型，病斑直径在 2 毫米以下；二是心室大斑型，病斑直径在 2 毫米以上，病组织湿润；三是心室腐烂型，病组织湿润；四是果肉腐烂型，病变果肉轮廓不规则，有时干缩，呈海绵状。在生长期，霉心病果从外观不易识别辨认，病果易脱落，落地后继续霉烂。

【病原】霉心病是由多种弱寄生菌混合侵染造成的。据甘肃省天水市果树研究所调查，果心留居菌有 10 多种，其中出现频率高的依次有交链孢菌、单端孢菌、壳蠕孢菌、镰刀菌、拟茎点菌共 5 种，都具有潜伏侵染特点。经致病力测定，各种果心留居菌的致病力有明显差异，在霉心果的主要致病菌中，交链孢菌占优势，而在果心腐烂（果肉腐烂）的主要致病菌中，则单端孢菌和壳蠕孢菌占优势，有些留居菌则无致病力。接种试验证明，同一菌株在不同温度条件下发病程度不同，而不同菌株在相同温度下，发病程度也不同。例如单端孢菌在 20℃ 条件下，接种 5 天后即可发生心腐，而交链孢菌接种 15 天后才引起轻微心腐。若把温度降到 5～10℃，单端孢菌发病减缓，而交链孢菌几乎已失去引起果肉腐烂的致病力。当贮藏温度控制在 5℃ 以下，则可完全抑制霉心病的为害。

【发病规律】当苹果花朵开放后，在树体及其周围环境中，广泛存在的各种真菌孢子，借助气流传播到开放的苹果花、柱等花器组织上，随着苹果花朵开放率的增长和开放时间的延长，花柱被侵染的比率迅速增高。病菌在花柱组织上定居后，逐渐通过枯死的花柱和开放的萼筒与心室之间的通道（简称萼心间），侵入果实的心室，在条件适宜时引起果实发病，导致霉心和果腐。花柱开始被侵染的时间为花朵开放后，直到 9 月份连续不断地进行侵染，未发现有明显的集中侵染时期。病菌进入果心的时期最早为 5 月下旬。

不同品种的果实形态结构各不相同，因而病菌侵入果心的机会有明显差异。同一品种果实的抗病力与果实自身生活力强弱有关。据对果实萼心间组织切片观察表明，元帅系品种如红星、新红星、红矮生、好矮生、首红、元帅等，萼心间普遍表现为开放型，其开放率高达 60%～90%，开放部位褐变枯死，病菌极易侵入，心室带菌率为 97.1%。金冠、国光、富士等品种的萼心间均为封闭型，病菌难于侵入，心室带菌极少。由此可见，元帅系品种的果实，花柱易枯死而且萼心间开放率高，是其发病多而重的主要原因。此外，果实着生状况与发病多少也有一定关系。在一个果丛中，边果发病率低于中心果。双果低于单果，三果又低于双果。至于果实着生方向及部位则与发病并无明显关系。

【防治方法】

1. 药剂防治

从果树现蕾期至落花期后 10 天，连续喷洒 3 次杀菌剂，有一定防治效果。使用药剂有 1∶2～3∶200～300 倍波尔多液、50% 退菌特可湿性粉剂 600～800 倍液、40% 多菌灵胶悬剂 800 倍液、50% 扑海因（异菌脲）可湿性粉剂 1 000～1 500 倍液、10% 多氧霉素 1 000～1 500 倍液或 3% 多抗霉素可湿性粉剂 200～300 倍液，可任选 1 种。多氧霉素和扑海因，应与其他药剂交替使用，最好每年只用 1 次，以减缓抗药性的发生。

2. 合理施肥

注意氮肥、磷肥、钾肥的合理配合，增施农家肥，以增强树势，提高果实抗病性。在幼果期和果实膨大期，分别喷洒 0.4% 硝酸钙一两次，增加果实中钙的含量，有助于降低呼吸强度，提高耐衰老能力，减轻果腐菌的侵害。

3. 改善贮藏

运输条件果实采收后，用仲丁胺或福马酸等药纸或药片进行防腐处理，并及时分级装箱，使环境温度尽早降至 10℃ 以下，入库贮存或装车外运，能明显地降低霉心病为害。

二、主要虫害及其防治

（一）苹果小卷蛾

苹果小卷蛾又名苹果蠹蛾，属鳞翅目小卷叶蛾科，是国际上的检疫对象，在国内只分布于新疆，内地果区尚未发现。因此，国内也把它列为检疫对象。寄主植物除苹果外，还有沙果、香梨、桃、李、杏和楸椁等果树，以苹果、沙果和香梨受害最重。幼虫只为害果实，并有转果为害习性，能造成大量落果，对果品质量、产量影响很大。目前，在管理粗放的苹果园，虫果率高达50%以上。

【为害状】苹果小卷蛾幼虫蛀害苹果果实，果面有蛀入虫孔，孔口处堆积以丝连缀成串的褐色虫粪。幼虫先在蛀孔表层为害，然后向果心蛀食，并取食种子。果实大多是局部受害，只有虫多时才被纵横串食成"豆沙馅"状。虫果易脱落。

【形态特征】

成虫体长约8毫米，灰褐色带紫色光泽，前翅臀角处有一圆形深褐色大斑，内有3条青铜色粗纹；翅基部褐色，分布有暗色斜行波状纹；翅中部浅褐色，也布有褐色斜行波状纹。

卵　椭圆形、扁平，刚产的卵白色半透明，渐变黄色并显出红圈，近孵化时消失。

幼虫　老龄幼虫体长16毫米左右，体背为浅红色。前胸K毛群有3根刚毛。腹足趾钩19～23个。

蛹　长9毫米左右，腹部各节背面有刺排列，第二节至第七节为两排，第八节至第九节只1排。末端钩状毛10根。

【生活史及习性】苹果小卷蛾在新疆伊宁地区1年发生1～3个世代。以老龄幼虫越冬，多数在树干、根颈和周围土中越冬，也有部分幼虫在堆果场、贮果库以及果箱、果筐里越冬。不同世代成虫发生期：越冬代为5月上旬至6月下旬；第一代7月上旬至8月下旬；第二代是9月份。翌年春4月上旬越冬幼虫开始化蛹，一直延续到6月中旬，这一时期气温低也不稳定，蛹经过22～31天羽化出成虫。成虫日落后活动，产卵于果表面及叶片上。每雌虫产卵量 40~140 粒。第一代卵期 5~24 天，第二代卵期 5~10 天。幼虫孵出后寻觅适宜部位蛀入果内，先在果皮下部为害，然后渐向果心蛀食果肉和种子。幼虫经过 3 次蜕皮后开始转果为害，1 头幼虫可转移为害 1~3 个果实，引起大量落果。被害果的蛀孔外边常堆积大量褐色虫粪，并有丝粘连成串，不易脱落。第一代幼虫在果内发育历期一般为 30 天左右。老龄幼虫从蛀孔附近咬一较大脱果孔脱出果外。部分幼虫于 6 月中旬开始进入越冬场所结茧越夏越冬。另一部分幼虫结茧化蛹，羽化出成虫，继续繁殖发生下一代。第二代幼虫为害脱果后，部分幼虫于 8 月中旬开始越冬。另一部分幼虫则化蛹羽化出成虫，继续发生第三代，第三代幼虫于 9 月中旬陆续进入越冬场所越冬。

【防治方法】

1. 实行检疫

在疫区加强苹果小卷蛾的检疫工作。严禁将新疆苹果，特别是混入的虫果装箱运出，防止传入内地果区。

2. 人工防治

在苹果发芽前刮除树干老裂、翘皮，同时清除堆果场的虫果、烂果，集中杀灭其中越冬幼虫。在幼虫害果期，经常摘除和捡拾落地的虫果，杀灭果内幼虫。还可以在 6 月份于树主干分杈处，捆扎浸药草带，诱集越冬幼虫潜入毒死。浸渍用的农药有杀螟松和溴氰菊酯等。

3. 药剂防治

药剂保护果实，主要是杀灭果上虫卵和蛀果前的幼虫。因此，在成虫产卵盛期施药收效最大。但是，新疆 5~6 月份气温低且又不稳定，虫卵发育历期很不整齐，为指导适期施药，对第一代苹果小卷蛾需要进行虫情调查，具体方法是在苹果园经常检查虫卵发育状况，当发现多数虫卵上出现红圈时，即为施药防治的适期。还可以利用有效积温法测报第一代卵孵化期。苹果小卷蛾的发育起点温度为 9℃，开春后当有效积温达到 230℃/日时，第一代卵开始孵化。掌握第一代幼虫出现始期，是决定开始施药的关键。一般情况下，对早熟品种施药两次，中熟品种施药3次，晚熟品种喷药4次。两次药的间隔期，以使用药剂的持效期和卵量多少而定。使用的药剂有50%杀螟硫磷（杀螟松）乳剂1 000倍液，这两种药剂杀卵力很强，对初蛀入果内幼虫还有效。50%西维因可湿性粉剂400倍液和2.5%溴氰菊酯乳剂3 000倍液，对初孵幼虫药效高，持效期较长，一般有效期可维持10～15天。还可用20%甲氰菊酯乳剂3 000倍液，同时兼治苹果小卷蛾和害螨类。

（二）苹小食心虫

苹小食心虫，又名苹果小食心虫、东北小食心虫，简称苹小，属鳞翅目卷蛾科。此虫分布范围较广，各苹果产区都有发生。早在20世纪50～60年代，在北方苹果产区，如河北、辽宁和山东等地，该虫对苹果为害较重，是食心虫的重要种类之一。进入70年代，由于加强了对食心虫的防治工作，特别是使用有机磷杀虫剂防治之后，有效地控制了其发生和为害，近十余年来，管理较好的苹果园，此虫发生很少，有些果园已将其灭绝。但在中部和西北地区，管理粗放的果园仍有发生，是威胁苹果生产的重要害虫。寄主植物有苹果、梨、花红、海棠、桃、山楂、楂楟和山荆子等。

【为害状】苹小食心虫幼虫为害果实，被害果上典型虫疤直径1厘米左右，深达果皮下0.5～1厘米，虫疤黑褐色、稍凹陷，有两三个排粪孔，其上堆积虫粪。虫疤上有较大的幼虫脱果孔。

【形态特征】

成虫体长5毫米左右，暗褐色，稍带有紫色光泽。前翅前缘具有7～9组白色短斜纹，近外缘处有数个黑色小点。

卵椭圆形稍隆起，表面光滑。刚产时黄白色半透明，近孵化时微显红色，可透视出一黑点。

幼虫　老龄幼虫体长6～10毫米。前胸背板浅黄褐色；腹部背面各节具两条深桃红色横纹，可与其他食心虫区别。臀板深褐色，臀栉 4~6 个。

蛹黄褐色，长 5 毫米左右。腹部第二节至第七节背面有两排短刺，第八节至第十节只有 1 排稍大的刺。

【生活史及习性】苹小食心虫发生世代整齐，辽宁、山东、河北、河南、山西和陕西等地区，1 年发生两代，以老龄幼虫结茧越冬。越冬部位大多在树的主干、枝杈、根颈部树皮裂缝内和锯口周围干皮缝内，树下杂草和果筐、吊树绳、支撑竿上也有分布。辽宁、河北苹果产区，翌年 5 月间越冬幼虫开始化蛹，经 10 余天羽化出成虫。各代成虫发生期：越冬代为 5 月下旬至 7 月中旬，盛期 6 月中旬；第一代 7 月中旬至 8 月中旬，盛期是 8 月上旬。成虫白天不活动，夜晚交尾、产卵，卵大多数产于果实光滑的胴部。卵经过 8 天左右，孵出幼虫并从果面上蛀入果内，在果皮下浅处为害形成虫疤。幼虫在果内为害二三十天后，从虫疤边缘处脱出果外，沿树枝干爬到隐蔽处结茧化蛹，经过 10 天左右羽化出成虫，继续繁殖发生下一代。第二代卵发生期为 7 月下旬至 8 月下旬，盛期 8 月上旬。卵经过 4~5 天孵出幼虫直接蛀果为害 20 多天老熟，于 8 月下旬至 9 月下旬期间陆续脱出，转移到越冬场所越冬。

苹小食心虫发生为害轻重与 5~6 月间降水有密切关系，幼虫越冬后虫体需要吸收充足水分才能顺利化蛹，在化蛹期间，若遇春旱无雨年份，幼虫无水分供应不能正常化蛹，因此，成虫发生量就少，第一代为害很轻，同时发生期也推迟。相反，遇上春雨多的年份，第一代发生量大，为害也重。

苹小食心虫成虫对糖醋液或烂苹果发酵水有一定趋性，可利用这一习性来诱杀成虫和成虫发生期测报。

【防治方法】

1. 人工防治

在春季发芽前彻底清除越冬场所的幼虫；幼虫蛀果期发现虫

果及时摘除，以减少虫源。

2. 药剂防治

使用药剂杀灭果上虫卵和防止幼虫蛀果。指导适期施药的虫情调查方法，是在成虫发生期调查国光、金冠苹果小食心虫卵果率，达到 0.5%～1% 时开始施药。辽宁地区，一般年份 6 月中下旬和 8 月上中旬是成虫产卵盛期，各施药 1 次可有效控制为害。若在发生重的年份，第一次施药后 10～15 天，卵果又达到防治指标，需再防治 1 次。使用的药剂有 50% 杀螟硫磷乳剂 1 000 倍液，对卵杀灭效果很好，并可杀灭刚入果的幼虫。

（三）苹果褐卷蛾

苹果褐卷蛾又名苹褐卷叶蛾，属鳞翅目卷蛾科。国内分布在东北、华北和华中地区，国外分布在欧洲、西伯利亚、印度、朝鲜、日本。寄主有苹果、梨、桃、杏、樱桃等果树，以及柳、榆等林木。以幼虫为害植物的芽、嫩叶、花蕾、叶片和果实，以叶和果受害最重。在有些地区与棉褐带卷蛾同时发生。

【为害状】苹果褐卷蛾幼虫为害叶片与棉褐带卷蛾相似，为害果实时，其舐食的坑洼面积较大。

【形态特征】

成虫体长 8～11 毫米，翅展 18～25 毫米，全体棕色。前翅基部有深褐色斑纹，中部有一条自前缘斜向后缘的深褐色宽带，前缘近顶角处有一个半圆形浓褐色斑。雄虫前翅无前缘褶。

卵椭圆形，扁平，淡黄绿色，数十粒至百余粒排列成鱼鳞状卵块。

幼虫　老熟幼虫体长 18～20 毫米，头近方形。头和前胸背板淡绿色，体深绿而稍带白色，毛片稍淡。多数个体前胸背板后缘两侧各有 1 块黑斑。

蛹体长 11～12 毫米，深褐色，胸部腹面稍带绿色，腹部各节背面有两排几乎等长的小刺，末端有 8 根刺钩。

【生活史及习性】苹果褐卷蛾在辽宁、甘肃天水 1 年发生两代，在河北、山东、陕西南部发生 3 代。以幼龄幼虫结白色薄茧越冬，越冬部位、出蛰时期、为害习性与棉褐带卷蛾相似。越冬代成虫发生期在 6～7 月份，7～8 月份发生第一代幼虫，8 月中旬至 9 月下旬发生第一代成虫，第二代幼虫于 10 月中下旬开始越冬。

成虫有趋光性和趋化性，主要产卵于叶背面，少数产在果上。初孵幼虫群栖叶上取食叶肉，将叶片吃成网孔状，稍大后吐丝连缀叶片，幼虫在其中为害，有时啃食果皮。其他习性与棉褐带卷蛾相似。

【防治方法】

1. 药剂防治

防治时期和应用药剂参考棉褐带卷蛾。

2. 生物防治

苹果褐卷蛾的生物防治技术，不像棉褐带卷蛾那样有专门研究，但在自然界或放松毛虫赤眼蜂防治棉褐带卷蛾的苹果园，苹果褐卷蛾和黄色卷蛾的卵也同样被寄生，因此，在释放赤眼蜂防治棉褐带卷蛾时，也兼治了这两种卷叶蛾。

（四）苹果白卷叶蛾

苹果白卷叶蛾，又名苹白小卷蛾，属鳞翅目小卷蛾科。分布在东北、华北、华东、华南等果产区。寄主有苹果、梨、沙果、海棠、桃、李、杏、山楂等果树以及多种阔叶林木。以幼虫卷叶为害，嫩叶受害较重，幼虫还为害花蕾。

【为害状】苹果白卷叶蛾幼虫吐丝将几片嫩叶缠缀在一起，潜藏于其中为害。常将卷叶中的 1 个叶柄咬断而成枯叶，其他卷叶仍是绿色，这是该卷叶蛾为害的主要特征。

【形态特征】

成虫体长约 7 毫米，翅展约 15 毫米，灰褐色，前翅基部 1/3 为深褐色，中部 1/3 为灰白色，端部 1/3 为深灰色，近外缘有 5 条并列的浓黑色条斑。

卵宽椭圆形，长约 0.85 毫米，扁平，乳白色。

幼虫老熟时体长 10～12 毫米，头部褐色，前胸背板黄褐色，其余为红褐色。

蛹体长 8～9 毫米，黄褐色。

【生活史及习性】苹果白卷叶蛾在辽宁、华北、山东等地 1 年发生 1 代，以幼龄幼虫在果树芽内越冬，顶芽内较多，比较饱满的侧芽和花芽内也有，但数量较少。翌年苹果发芽后，幼虫出蛰，为害嫩芽和花蕾，并吐丝缠缀芽鳞碎屑。幼虫稍大后，则在枝梢顶部缠缀几个嫩叶为害，吐丝结碎屑成巢囊。到 6 月中下旬，幼虫老熟后在卷叶内化蛹。6 月下旬开始羽化成虫，7 月上旬为羽化盛期。成虫产卵于叶面，少数产在叶背。7 月中下旬孵化出幼虫。幼虫先在叶背沿主脉食害叶肉，并吐丝缀叶背的绒毛、虫粪等做巢，在其中为害。8 月上旬以后，则转入花芽或枝梢顶端的芽内为害，8 月中旬开始，即在芽内越冬。

【防治方法】

1. 人工防治

参考棉褐带卷蛾。

2. 药剂防治

越冬幼虫出蛰后卷叶前和 7 月中下旬的孵化期为重点防治期，使用药剂参考棉褐带卷蛾。一般情况下，可在防治其他害虫时兼治。

（五）苹果绵蚜

苹果绵蚜又名苹果绵虫，属同翅目绵蚜科。国内只分布于辽宁、山东、云南和西藏。该虫为国内检疫对象。主要为害枝、干和根部，被害部位形成小肿瘤。受害重的树体衰弱，结果少，果个小，着色差，还能导致早落叶，对产量质量影响很大。除为害苹果外，还为害花红、海棠、沙果和山荆子，但不为害中国苹果。

【为害状】苹果绵蚜集中于剪锯口、病虫伤疤周围、主干主枝裂皮缝里、枝条叶柄基部和根部为害。被害部位大都形成肿瘤，肿瘤易破裂，其上被覆许多白色绵毛状物，易于识别。有时果实萼洼、梗洼也受害，影响果品质量。

【形态特征】

成虫　无翅胎生雌蚜长 2 毫米左右，体红褐色。头部无额瘤，复眼暗红色。触角 6 节。腹部背面覆盖白色绵毛状物，有翅胎生雌蚜体长较无翅胎生雌蚜稍短。头、胸部黑色，触角 6 节。腹部暗褐色，覆盖绵毛物少些。翅透明，前翅中脉分叉。

有性雌蚜体长 1 毫米左右。头和足黄绿色，触角黄绿色，5 节。腹部红褐色，稍有绵毛物。

卵　长径约 0.5 毫米，椭圆形。刚产卵橙黄色，渐变为褐色。

【生活史及习性】苹果绵蚜在辽宁大连 1 年发生 13 个世代；山东青岛 17～18 代；云南昆明为 21 代。都以一二龄若蚜越冬。越冬部位分布在苹果树枝干裂缝、病虫伤疤边缘、剪锯口周围、1 年生枝芽侧、根蘖基部和土里根上。辽宁大连地区 4 月上旬越冬若蚜开始活动、为害，5 月上旬若蚜开始扩散，转移到嫩枝叶腋、芽基部为害，这时以孤雌胎生繁殖，同时出现少数有翅雌蚜，向周围树上迁移。6 月份是全年繁殖为害最盛期。苹果绵蚜发生重的树，树上布满蚜虫并有大量白色绵毛状物出现，被害部位皮层肿胀成瘤。7～8 月份气温较高，不利于蚜虫繁殖，同时还有重要天敌日光蜂活动频繁，大量捕食苹果绵蚜，使虫口减少，种群数量下降。9 月中旬至 10 月份气温下降，又适于苹果绵蚜繁殖，并产生大量有翅胎生雌蚜迁飞扩散，日光蜂和其他天敌数量减少，虫口又回升，出现第二次为害的盛期。进入 11 月份气温下降至 7℃ 以下，若虫陆续越冬。

在云南昆明地区，春季 3 月气温上升到 5～8℃ 时，越冬幼蚜开始活动为害。以孤雌胎生繁殖后代，每代历期 8～25 天。全年繁殖为害盛期是 4～6 月份和 10～11 月份。

苹果绵蚜还为害根部，浅层根上蚜量大，深层数量很少。根部受害形成根瘤，使根坏死，影响根的吸收功能。一般是沙土地果园根部苹果绵蚜发生量大，为害也重。

苹果绵蚜为害苹果，以祝光、红玉和国光品种最重，金冠和元帅较轻。

苹果绵蚜的近距离传播以有翅蚜迁飞和作业人员携带为主；远距离传播主要靠苗木、接穗、果实和包装物传递。

【防治方法】

1. 加强检疫

严禁从苹果绵蚜疫区调运苹果苗木、接穗，防止苹果绵蚜传入非疫区。如必须从疫区引种苗木、采接穗时，须经检疫部门检疫，并进行灭蚜处理后才准予运出。

2. 清除越冬虫源

在苹果发芽前彻底清除根蘖。刮除枝干上粗裂老皮，集中烧毁灭蚜。剪锯口和病虫伤疤有苹果绵蚜的，用40%氧化乐果乳剂，杀灭越冬虫源。

3. 药剂防治

苹果绵蚜发生重的果园，在其繁殖高峰期前（辽宁为4月底至5月中旬和8月底至9月下旬；云南为4～6月份和10～11月份）树上喷布40%氧化乐果乳剂，或40.7%毒死蜱乳剂，或50%久效磷乳剂，均为2 000～3 000倍液。或者枝干涂药环，具体方法是围绕主枝、主干环剥6～7厘米宽，刮皮深度以露出韧皮部为宜，先涂药一遍，干后再涂1次。涂抹药剂为40%氧化乐果乳剂15倍液。另外，树盘里可撒施2.5%乐果粉、辛硫磷颗粒剂，浅耙入土里杀灭根部蚜虫。

主要参考文献

［1］花蕾等．苹果高效栽培关键技术．北京：金盾出版社，2009.

［2］王金友等．苹果病虫害防治．北京：金盾出版社，2009.

［3］花蕾等．苹果优质无公害生产技术．北京：金盾出版社，2006.

［4］王金城等．果树植保员培训教材（南方本）．北京：金盾出版社，2008.

［5］李天红，高照全．苹果园艺工培训教材．北京：金盾出版社，2008.

［6］陈汉杰．果树植保员培训教材（北方本）．北京：金盾出版社，2008.